"十四五"职业教育国家规划教材
"十四五"职业教育山东省规划教材

电气控制系统设计与装调

郑同生 赵秋玲 孙守霞 编著

北京理工大学出版社
BEIJING INSTITUTE OF TECHNOLOGY PRESS

内 容 简 介

近几年，随着产业转型升级及智能制造技术的飞速发展，企业对技术技能人才的需求发生了很大变化。为适应经济和社会发展，本书对接"1+X"国家职业技能标准，结合行业职业技能鉴定规范，融入一定的新技术，对传统的继电器控制课程进行了优化、升级和完善。

本书围绕维修电工岗位的要求，基于行动导向教学模式，以典型继电器控制项目为引导，按照项目式教学的六个环节，将常用电工工具使用、电器元件的认识、控制线路设计、硬件线路安装与调试等内容有机地融合在一起。全书包括安全用电常识、常用电工仪表的使用、引风机、换气扇、污水池自吸泵、交通隧道射流风机等控制电路的设计与安装，还包括车床、磨床等常用机床控制电路的原理和维修内容。

本书可作为中职学校、中高职一体化学校、技工学校机电一体化相关专业的教材，也可作为相关专业岗位培训用书，还可作为相关教师、机电专业人员的参考用书。

版权专有　侵权必究

图书在版编目（CIP）数据

电气控制系统设计与装调 / 郑同生，赵秋玲，孙守霞编著. -- 北京：北京理工大学出版社，2021.11（2024.8重印）
ISBN 978-7-5763-0633-0

Ⅰ.①电… Ⅱ.①郑…②赵…③孙… Ⅲ.①电气控制系统 – 系统设计 – 教材②电气控制系统 – 安装 – 教材③电气控制系统 – 调试 – 教材 Ⅳ.① TM921.5

中国版本图书馆 CIP 数据核字（2021）第 222382 号

责任编辑：陆世立　　**文案编辑**：陆世立
责任校对：周瑞红　　**责任印制**：边心超

出版发行 / 北京理工大学出版社有限责任公司
社　　址 / 北京市丰台区四合庄路 6 号
邮　　编 / 100070
电　　话 /（010）68914026（教材售后服务热线）
　　　　　（010）68944437（课件资源服务热线）
网　　址 / http://www.bitpress.com.cn

版 印 次 / 2024 年 8 月第 1 版第 3 次印刷
印　　刷 / 定州市新华印刷有限公司
开　　本 / 889 mm × 1194 mm　1/16
印　　张 / 16
字　　数 / 322 千字
定　　价 / 44.00 元

前言

党的二十大报告提出："加快建设制造强国、质量强国、航天强国、交通强国、网络强国、数字中国。""推动战略性新兴产业融合集群发展，构建新一代信息技术、人工智能、生物技术、新能源、新材料、高端装备、绿色环保等一批新的增长引擎。"随着我国经济发展的着力点放到实体经济上，推进新型工业化，加快建设制造强国、质量强国，电气控制技术必将成为推动制造业高质量发展和稳定工业经济增长的重要引擎之一。电气控制电路是由电器元件、电气功能部件按照一定方式连接在一起，实现控制、保护、驱动、测量等相应功能的电路。本书以工业中常见典型被控设备为载体，通过若干个由简单到复杂的电气控制项目分析、设计与实施，循序渐进、举一反三，使学员逐步掌握电工工具的使用、电气控制电路的设计思路和安装调试技巧。

本书内容主要包括常用低压电器及其维修、电动机基本控制电路设计及安装维修等内容。使学生熟记常用低压电器的功能、结构及原理，掌握常用低压电器的选用和安装维修方法，熟记常用低压电器的图形符号和文字符号，会分析电气控制线路的工作原理，能识读电气布置图和接线图，并了解绘制原则，会设计简单电气控制电路，掌握三相异步电动机连续运行、正反转控制、顺序控制、多地控制、降压启动、双速控制、制动控制等电路的构成、工作原理及其设计与装调，能进行常用机床控制电路的检修。

依据工业生产中典型控制案例，本书分为十一个项目，通过做中学、学中做这一完整的行动导向教学，培养学员维修电工岗位的相关综合职业能力。

本书读者对象：

具有一定电气控制、PLC使用基础的机电一体化、电气自动化设计人员；

大中专院校机电一体化、电气自动化、工业机器人等相关专业的学生和教师；

具有一定电工维修经验的设备维修、维护人员；

热爱PLC控制技术的自学人员。

本书既可以作为机电一体化、工业机器人、电气自动化等相关专业五年贯通制职业学校的教材，又可作为专业岗位培训用书，还可作为相关专业技术人员的自学教材。

为了方便教学，本书开发了视频、教学课件、素材源程序等大量信息化资源。

本书由平度市职业中等专业学校郑同生、青岛职业技术学院赵秋玲、平度市职业中等专业学校孙守霞编著。平度市职业中等专业学校张浩强、赵福强、刘玉、侯卫军、曲秀霞和张凯强老师参与了大量的协助工作。编写过程中，编者深入中国北车电机股份公司、海尔集团等企业进行调研，吸取了行业企业生产一线的工程技术人员的宝贵建议，在此表示衷心感谢。同时，也感谢您选择了本书，希望我们的努力对您的工作和学习有所帮助，也希望您把对本书的意见和建议告诉我们。

编　者

2021 年 6 月

目录

项目一　安全用电常识 ··· 1
　任务1　安全操作规程 ··· 2
　任务2　人体触电的相关知识 ······································· 6

项目二　常用电工仪表的使用 ······································ 13
　任务1　万用表的使用 ·· 14
　任务2　兆欧表、钳形电流表的使用 ································ 19

项目三　引风机控制电路的设计与安装——正转控制电路的设计与安装 ········ 24
　任务1　认识低压断路器、按钮 ···································· 27
　任务2　认识熔断器、热继电器 ···································· 32
　任务3　认识交流接触器 ·· 37
　任务4　引风机控制电路的设计与安装 ······························ 41

**项目四　换气扇控制电路的设计与安装——接触器联锁正反转控制
　　　　　电路的设计与安装** ·· 49

**项目五　小车自动往返控制电路的设计与安装——自动往返正反转
　　　　　控制电路的设计与安装** ···································· 55
　任务1　认识位置开关和接近开关 ·································· 57
　任务2　小车自动往返控制电路的设计与安装 ························ 64

项目六　两级传送带控制电路的设计与安装——顺序控制电路的设计与安装 …… 68

  任务 1　认识中间继电器 ……………………………………………………… 71

  任务 2　顺序控制电路的设计与安装 ………………………………………… 73

项目七　污水池自吸泵电动机控制电路的设计与安装——星-三角降压启动控制电路的设计与安装 …… 77

  任务 1　认识时间继电器 ……………………………………………………… 80

  任务 2　自吸泵电动机控制电路的设计与安装 ……………………………… 84

项目八　立式铣床制动控制电路的检修——制动控制电路的设计、安装与维修 …… 89

  任务 1　起重机电磁抱闸制动器制动控制电路 ……………………………… 91

  任务 2　单向启动反接制动控制电路设计、安装与维修 …………………… 95

项目九　交通隧道射流风机控制电路的设计与安装——双速电动机控制电路的设计与安装 …… 98

项目十　CA6140 型车床电气控制电路的检修 …………………………………… 104

  任务 1　认识 CA6140 型车床电气控制电路 ……………………………… 105

  任务 2　CA6140 型车床电气控制电路的检修 …………………………… 111

项目十一　M7130 型平面磨床电气控制电路的检修 …………………………… 115

  任务 1　认识 M7130 型平面磨床电气控制电路 ………………………… 116

  任务 2　M7130 型平面磨床电气控制电路的检修 ……………………… 119

参考文献 …………………………………………………………………………… 122

项目一

安全用电常识

知识树

安全用电常识
- 任务1 安全操作规程
  - 电工实训车间安全操作规程
  - 电气火灾的防范及扑救常识
- 任务2 人体触电的相关知识
  - 人体触电类型及常见原因
  - 预防触电的保护措施、触电现场的处理措施

项目目标

1. 了解电工实训车间安全操作规程。
2. 掌握电气火灾的防范及扑救常识。
3. 了解人体触电类型及常见原因。
4. 掌握预防触电的保护措施及触电现场的处理措施。

项目描述

我们的生活和生产都离不开电,但如果不了解安全用电常识,就很容易造成人身触电、电气设备损坏,甚至危及供电系统安全运行,导致停电或电气火灾等事故,给我们的生命和财产带来不必要的损失。因此,了解安全用电常识是非常重要的。工作任务单见表1-1。

表1-1 工作任务单

工作任务		安全用电常识		派工日期	年	月	日
工作人员		工作负责人		完成日期	年	月	日
签收人				签收日期	年	月	日

续表

工作内容	1. 了解电工实训车间安全操作规程。 2. 掌握电气火灾的防范及扑救常识。 3. 了解人体触电类型及常见原因。 4. 掌握预防触电的保护措施及触电现场的处理措施
申领器材	该项由安装人员填写： 器材申领人：
任务验收	填写设备的主要验收技术参数和功能实现，由质检人员填写： 质检人员：
车间负责人评价	 负责人签字：

项目分析

我们在日常学习和生活中，在安全用电意识上仍处在一种盲区，不知道哪些能动，哪些不能动，缺乏应有的安全用电常识，所以，随时都有发生触电、损坏电气设备或引起电气火灾事故的可能。因此，要想用好电就必须学习安全用电知识，认真执行各项安全用电技术规程，找出触电事故的原因，掌握电气火灾的扑救常识，恰当地实施相关的安全措施，防止触电事故的发生，从而使我们更好地学习和生活。

任务1　安全操作规程

 学习目标

1. 了解电工实训车间安全操作规程。
2. 掌握电气火灾的防范及扑救常识。

 任务描述

在电工实训中，安全操作规程是保护人身与电气设备安全、确保实训顺利进行的重要规章制度。进入实训室后要严格按照电工实训室安全操作规程开展实训，否则将危及自身或他人及公共财产的安全。

在日常使用电气设备时，若设备（或线路）长时间过载运行或供电线路绝缘老化引起漏电、短路而导致设备过热、温升太高，从而引起绝缘纸、绝缘油等燃烧，或是电气设备运行中产生明火（如电刷火花、电弧等）引燃易燃物等，都易引发电气火灾。作为一名电气操作人员，要熟悉电气火灾发生的原因及防范措施，遵守电气安全技术操作规范，文明生产，并且有义务宣传安全用电常识，阻止违反安全用电的行为发生。

任务知识库

一、电工实训车间安全操作规程

（1）学生进入实训车间前，要按规定穿戴工作服，经教师（或师傅）检查合格后方能进入实训车间。特别注意不能把有安全隐患的物品带入实训车间。

（2）学生进入实训车间后，要服从教师安排，认真听教师讲课，按照教师要求进行实训。

（3）实训前，检查实训设备是否齐备完好，发现损坏或其他故障应停止使用，并立即报告老师。

（4）实训时，思想要高度集中，不准做任何与实训无关的事，严禁擅自动用总闸与其他用电设备。

（5）接电源时，应先闭合隔离开关，再闭合负荷开关；分断电源时，应先断开负荷开关，再断开隔离开关。接、拆线都必须切断电源后方可进行。

（6）电气设备不准在运转中拆卸修理，必须在停止运行后切断电源，并挂上警示牌，验明无电后方可进行操作，电气设备安装检修后，须经检验合格后方可使用。

（7）需要切断故障区域电源时，要尽量缩小停电范围。有分路开关的，应切断故障区域的分路开关。尽量避免越级切断电源。

（8）检修弱电设备时（如硅整流或其他电子设备），当情况不明或未采取有效措施之前，禁止用常用的兆欧表检查其绝缘性。

（9）电气设备检修完工后，必须认真仔细清点工具和零件，防止遗留在设备内造成短路漏电事故。

（10）需带电工作时，先将邻近各带电体用绝缘物隔离后，穿好防护用品，使用有绝缘柄的工具，站在绝缘物上，并在教师（或师傅）监护下，方可带电工作。

（11）电气设备金属外壳或金属构架必须安全接地（或接零）。

（12）电气设备拆除后，线头必须及时用绝缘带包扎好。高压电气设备拆除后，线头必须短路接地。

（13）电气设备周围不准堆放易燃、易爆、潮湿物品。

（14）高空作业时，要系好安全带；使用梯子时，梯子要有防滑措施，并有人保护。

（15）电气设备发生火灾时，若未切断电源，严禁用水和泡沫灭火剂灭火，应使用不导电的灭火剂灭火，如1211灭火器、四氯化碳灭火器、二氧化碳灭火器等。

（16）设备使用后，应做好设备清洁和日常维护工作。

（17）要保持工作环境的清洁，检查门窗是否关好，相关设备和照明电源是否切断，经老师同意后方可离开。

二、电气火灾的防范及扑救常识

1. 引起电气火灾的原因

1）短路

当电气设备或线路发生短路时，电路中的电流（称为短路电流）将急剧增加为正常工作电流的几倍，甚至是几十倍。该电流产生的热量又与电流的平方成正比，因此致使电气设备的温度迅速上升，如果此温度达到绝缘材料的自燃温度，即可引起火灾。

2）过载

电气设备和线路运行中的电流超过允许值（额定值）时，称为过载。当电气设备或线路过载时，如果保护装置不起作用，则时间长了就会使电气设备和导线过热，导致绝缘损坏、燃烧并造成火灾。

3）接触电阻过大

如果导线之间连接不好，使接触电阻增大，也会产生过热现象，有时会在接触处产生火花而形成火灾。

产生上述三种电气火灾的原因主要有以下几点。

（1）电气设备设计不合理。

（2）选用设备不当，如导线截面积太小、绝缘等级不够，设备的额定电压太低或功率较小等。

（3）使用不合理，如长时间过载运行，设备在故障情况下运行（如三相电动机单相运行）等。

（4）管理不严，维护不及时，如有些设备年久失修，绝缘老化、变质，导线锈蚀或破损。

（5）电气设备散热不好，导致设备过热。

2. 电气火灾的防范常识

（1）在线路中一定要安装漏电、短路、过载等保护装置。

（2）导线连接牢固可靠、接头电阻小、机械强度高、耐腐蚀耐氧化、电气绝缘性能好。

（3）正确使用电热器，养成人走电源断的习惯。

（4）加强对电气设备的运行管理，定期检修、试验，防止绝缘层损坏引起短路，如图1-1所示。

（5）在电气设备周围不要堆放易燃、易爆物品，并采取消除静电措施。

（6）按照标准安装电气设备，严格保证安装质量。

（7）在正常运行中需要散热的电气设备，必须采取通风散热措施。

图1-1　定期检修电气设备

3. 电气火灾的扑救常识

对电气火灾除了做好防范工作外，还应做好灭火的准备工作，一旦发生火灾，能够及时有效地扑灭火灾。电气火灾的扑救方法及注意事项如下。

（1）在发生电气火灾时，首先切断电源（如断开电源开关、拔出电源插头等），然后立即救火和报警（迅速拨打119火警电话），如图1-2所示。在切断电源时，应注意安全操作，防止触电和短路事故发生。

图1-2　切断电源并报警

（2）如果确实无法断电灭火，为争取时间及时控制火势，就需要在保证灭火人员安全的前提下进行带电灭火。带电灭火应注意以下两点。

①不能直接使用导电的灭火剂（如水、泡沫灭火器等）进行灭火，应使用不导电的灭火剂（如二氧化碳灭火器、四氯化碳灭火器、1211灭火器、干粉灭火器等）灭火。灭火器的筒体、喷嘴及人体都要与带电体保持一定距离，灭火人员应穿绝缘靴、戴绝缘手套，有条件时还要穿绝缘服等，防止灭火人员发生触电事故，如图1-3所示。

②对有油的电气设备的油发生燃烧，则应使用干砂灭火，但应注意对旋转的电动机不能使用干砂和干粉灭火。

图1-3　灭火时的注意事项

任务 2　人体触电的相关知识

学习目标

1. 了解人体触电类型及常见原因。
2. 掌握预防触电的保护措施及触电现场的处理措施。

任务描述

人们在很多用电的场所，往往会发生不可避免的触电事故，一旦发生触电事故，很多人不知所措，有些人采取很多土方法，很少有人采用正确的方法——触电急救。

本任务是以小组为单位，收集相关资料，了解人体触电类型及常见原因，并做好记录。通过本任务，要会应用安全用电常识，了解触电预防措施，掌握触电现场的处理措施。

任务知识库

一、人体触电类型

常见的触电类型分为三种：单相触电、两相触电、跨步电压触电。

1. 单相触电

人体的某一部分与一相带电体及大地（或中性线）构成回路，当电流通过人体流过该回路时，即造成人体触电，这种触电方式称为单相触电。如图1-4所示。此时人体承受的电压是电源的相电压，在低压供电系统中是220V。触电事故中大部分属于单相触电。

图1-4　单相触电

2. 两相触电

人体某一部分介于同一电源两相带电体之间并构成回路所引起的触电，称为两相触电，如图1-5所示。此时加在人体触电部位两端的电压是电源的线电压，在低压供电系统中是380V。两相触电危险性比单相触电更大。

图1-5　两相触电

3. 跨步电压触电

当带电体接地时，有电流向大地扩散，其电位分布以接地点为圆心向圆周扩散，在不同位置形成电位差。若人站在这个区域内，则两脚之间的电压，称为跨步电压，由此所引起的触电称为跨步电压触电，如图1-6所示。已受到跨步电压威胁者，应采取单脚或双脚并拢的方式迅速跳出危险区域。

图1-6　跨步电压触电

二、人体触电的常见原因

造成触电的原因归纳起来主要有两方面：一方面是电气设备本身问题；另一方面是安全用电问题。

1. 电气设备本身问题

（1）导线绝缘层损坏。

（2）导线与电器连接时漏芯线过长。

（3）导线类型及规格选择不合理。

（4）室内布线不符合安全要求；室外架空导线对地、对建筑物的距离以及导线之间的距离小于安全距离。

（5）电气设备拆除后，线头没及时用绝缘带包扎好。

（6）电气设备及安装不符合安全要求。

2. 安全用电问题

（1）私拉乱接电线，如图1-7所示。

（2）不按正确的方法使用电器：用湿布擦电器；用湿手去触摸、插拔电器（如擦灯泡、开关、插座），如图1-8所示。

图1-7　私拉乱接电线

图1-8　不按正确的方法使用电器

(3) 带电移动电气设备、带电操作不采取有力的保护措施，没有严格遵守电工安全操作规程或粗心大意。

(4) 电气设备老化、有缺陷或破损严重，维修维护不及时。

(5) 维修线路时电源开关不挂警示牌，盲目修理不熟悉电路的电器。

(6) 救护他人触电时，赤手拖拉触电者，自己不采取切实的保护措施。

三、预防触电的保护措施

1. 绝缘

绝缘是指用绝缘材料（胶木、塑料、橡胶、云母及矿物油等）把带电体隔离起来，实现带电体之间、带电体与其他物体之间的电气隔离，使设备能长期安全、正常地工作，同时，可以防止人体触及带电部分，避免发生触电事故。

2. 屏护

屏护是借助屏障物防止触及带电体。屏护装置包括护栏和障碍，可以防止触电，也可以防止电弧烧伤和弧光短路等事故。屏护装置所用材料应该有足够的机械强度和良好的耐火性能，可根据现场需要制成板状、网状或栅状。金属屏护装置必须接零或接地。

3. 保持安全距离

电气安全距离是指人体、物体等接近带电体而不发生危险的安全可靠距离，如带电体与地面之间、带电体与带电体之间、带电体与人体之间、带电体与其他设施和设备之间，均应保持一定的距离，这种距离称为安全距离。

4. 保护接地和保护接零

保护接地和保护接零是防止触电事故的主要措施。

1）保护接地

保护接地是为了防止电气设备绝缘损坏时人体遭受触电危险，而在电气设备的金属外壳或构架等与接地体之间所做的良好的连接。保护接地适用于中性点不接地的低电网中。采用保护接地，仅能减轻触电的危险程度，但不能完全保证人身安全。

将电气设备的金属外壳通过接地装置与大地可靠地连接起来，这就是保护接地，如图1-9所示。

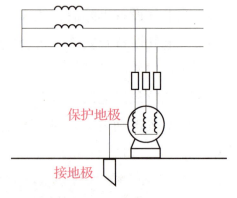

图1-9 保护接地

2）保护接零

保护接零又叫保护接中线，在三相四线制系统中，电源中线是接地的，将电气设备的金属外壳用导线与电源零线（即中线）直接连接，就叫保护接零。保护接零应用在电源中线接地的三相四线制低压供电系统中，如图1-10所示。

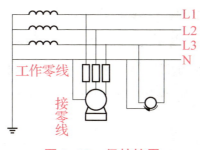

图 1-10 保护接零

5. 自动断电

在电路中安装自动保护装置（如漏电保护、过流保护、短路或过载保护、欠压保护等），如果设备或线路发生异常，自动保护装置会自动切断电路而起保护作用。

6. 安全电压

把可能加在人身上的电压限制在某一范围之内，使得在这种电压下，通过人体的电流不超过允许的范围，这种电压就叫作安全电压。我国规定安全电压额定值的等级为 42 V、36 V、24 V、12 V、6 V。一般 42 V 用于手持电动工具；36 V、24 V 用于一般场所的安全照明；12 V 用于特别潮湿的场所和金属容器内的照明灯和手提灯；6 V 用于水下照明。

当电气设备采用的电压超过安全电压时，必须按规定采取防止直接接触带电体的保护措施。但应注意，任何情况下都不能把安全电压理解为绝对没有危险的电压。

四、触电现场的处理措施

发生触电事故，对触电者必须迅速急救，触电急救的第一步是使触电者迅速脱离电源，第二步是现场救护。

（一）使触电者脱离电源

1. 脱离低压电源的方法

脱离低压电源的方法可用"拉""切""挑""拽""垫"五字来概括。

（1）"拉"。就近拉开电源开关或拔出插头，但应注意，控制灯的拉线开关或墙壁开关是单极的，有的开关错接在零线上，这时虽然开关断开，但人身触及的导线仍然带电，不能认为已切断电源，通过观察现场情况，再决定是否用其他方法切断电源。

（2）"切"。当电源开关或插座离触电现场较远或不能断开电源开关时，可用带有绝缘手柄的电工钳或有干燥木柄的斧头、铁锹、菜刀等利器将电源线切断。切断时应防止带电导线断落触及周围的人。

（3）"挑"。如果导线搭落在触电者身上或压在身下，这时可用干燥的木棒、竹竿等挑开导线或用干燥的绝缘绳套拉导线或触电者，使之脱离电源，如图 1-11 所示。

（4）"拽"。救护人可戴上手套或在手上包缠干燥的衣服等绝缘物品拖拽触电者，使之脱离电源。如果触电者的衣裤是干燥的，又没有紧缠在身上，救护人可直接用一只手抓住触电者不贴身的衣裤，将触电者拉脱电源，但要注意拖拽时切勿触及触电者的体肤。救护人亦可站在干燥的木板、木桌椅或橡胶垫等绝缘物品上，用一只手把触电者拉开，使之脱离电源。

图 1-11　挑开导线

（5）"垫"。如果触电者由于痉挛，手指紧握导线或导线缠绕在身上，救护人可先用干燥的木板塞进触电者身下，使其与地绝缘，然后采取其他办法切断电源。

2. 脱离高压电源的方法

由于线路的电压高，一般绝缘物品不能保证救护人的安全，而且高压电源开关一般距离现场较远，不便拉闸。因此，使触电者脱离高压电源的方法与脱离低压电源的方法有所不同，常用的方法如下。

（1）立即电话通知有关供电部门拉闸停电。

（2）如电源开关离触电现场不太远，则可戴上绝缘手套，穿上绝缘靴，用绝缘工具拉开高压断路器或高压跌落保险以切断电源。

（3）往架空线路抛挂裸金属软导线，让线路短路，迫使该线路保护装置动作，切断电源。抛挂前，将短路线的一端先固定在铁塔或接地引线上，另一端系重物。抛掷短路线时，应注意防止电弧伤人或断线触电事故发生，也要防止重物砸伤人。

3. 在使触电者脱离电源时应注意的事项

（1）未采取绝缘措施前，救护人不得直接触及触电者的皮肤和潮湿的衣服。

（2）在拉拽触电者脱离电源的过程中，救护人用单手操作，以防止救护人触电。

（3）当触电者位于高处时，应预防触电者在脱离电源后可能出现的坠地摔伤或摔死事故。

（4）夜间发生触电事故时，应解决切断电源后的临时照明问题，以方便顺利救护。

（二）现场救护

触电者脱离电源后，应立即就地进行抢救，同时拨打120急救电话，并做好将触电者送往医院的准备工作。

1. 触电者未失去知觉的救护

如果触电者神志清醒，只是出现头晕、出冷汗、恶心、全身乏力等现象，但未失去知觉，应让触电者在通风暖和处静卧休息，同时请医生前来或送往医院。

2. 触电者已失去知觉的抢救

如果触电者已失去知觉，但呼吸和心跳正常，应使其舒适地平卧着，解开衣服以利呼吸，保持空气流通（天冷时还要注意保暖），同时立即请医生前来或送往医院。

3. 触电者"假死"的急救

如果触电者呈现"假死"（电休克）现象，救护人通过"看"（观察触电者的胸部、腹部有无起伏动作，眼珠瞳孔是否扩散）、"听"（用耳贴近触电者的口鼻处，听他有无呼气声音）、"试"（先用手测试口鼻有无呼吸的气流，再用两手指轻压一侧喉结旁凹陷处的颈动脉是否有搏动）等现场诊断，以决定采用适宜的急救方法，如图1-12所示。

图1-12　判定"假死"的看、听、试

1）口对口人工呼吸急救

当触电者呼吸停止，但心脏跳动时，应采用口对口人工呼吸急救法。

（1）通畅气道。

①使触电者仰面躺在平硬的地方，迅速解开其领扣、紧身衣和裤带。如发现触电者口内有食物、假牙等异物，可将其身体及头部同时侧转，迅速用一个手指或两个手指交叉从口角处插入，从中取出异物（应注意防止将异物推到咽喉深处）。

②救护人用一只手放在触电者前额，另一只手的手指将其下颌骨向上抬起，使其头部后仰，气道就可畅通，如图1-13所示。气道畅通示意如图1-14所示。

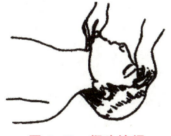

图1-13　仰头抬颌　　　　　图1-14　气道畅通示意

（2）口对口人工呼吸。

救护人跪在触电者的左侧或右侧；用放在触电者额上的手指捏住其鼻翼，另一只手的食指和中指轻轻托住其下巴；救护人深吸气后，口紧对口向触电者吹气，如图1-15所示。吹气频率是每分钟12~16次（对其口吹气使之吸气约2 s，放松鼻孔使之呼气约3 s）。吹气量不要过大，以免引起胃膨胀。如触电者是儿童，吹气量应小些，每分钟约吹气18~24次，不必捏鼻孔，让其自然漏气。救护人换气时，应将触电者的鼻和口放松。吹气和放松时要注意观察触电者胸部有无起伏的呼吸动作。

图1-15　口对口人工呼吸

如果触电者牙关紧闭，可改为口对鼻人工呼吸。吹气时要将触电者嘴唇紧闭，防止漏气。

2) 胸外按压急救

当触电者有呼吸，但心脏不跳动时，应采用胸外按压急救法。

（1）确定正确的按压位置。

①右手的食指和中指沿触电者的右侧肋弓下缘向上，找到肋骨和胸骨接合处的中点。

②右手两手指并齐，中指放在剑突底部，食指平放在胸骨下部，另一只手的掌根紧挨食指上缘置于胸骨上，掌根处即为正确按压位置，如图 1-16 所示。

（2）正确的按压姿势。

①使触电者仰面躺在平硬的地方并解开其衣服，仰卧姿势与口对口人工呼吸法相同。

②救护人跪在触电者肩旁一侧，两肩位于触电者胸骨正上方，两臂伸直，肘关节固定不屈，两手掌相叠，手指翘起（不接触触电者胸壁）。按压姿势如图 1-17 所示。

③以髋关节为支点，利用上身的重力，垂直将胸骨压陷 3～4 cm（对儿童和瘦弱者压陷要浅一点）。

④压至要求深度后，立即全部放松（但救护人的掌根不能离开触电者的胸壁）。

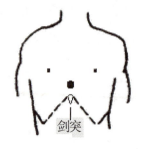
图 1-16　正确的按压位置

图 1-17　按压姿势

（3）恰当的按压频率。

胸外按压要以均匀速度进行，按压频率每分钟 60 次左右，每次按压和放松的时间相同。

3) 人工呼吸和胸外按压急救

当触电者呼吸和心脏都停止，应采用人工呼吸和胸外按压急救法。

单人急救时，先口对口吹气 2 次（约 3 s），再做胸外按压 15 次（约 10 s），以后交替进行；双人急救时，吹气 1 次（约 2 s），再做胸外按压 5 次（约 4 s），以后交替进行。

按压吹气约 1 min 后，用"看、听、试"方法在 5～7 s 内完成对触电者是否恢复呼吸和心跳的再判定。若判定触电者已有颈动脉搏动，但仍无呼吸，则可暂停胸外按压，进行口对口人工呼吸。如果脉搏和呼吸仍未恢复，则继续坚持急救。每隔数分钟用"看、听、试"方法再判定一次触电者的呼吸和心跳情况，每次判定时间不得超过 7 s。

4. 注意事项

（1）移动触电者或将其送往医院，应使用担架并在其背部垫以木板，不可让触电者身体蜷曲着进行搬运。移送途中应继续抢救。

（2）在现场抢救中，不能打强心针，也不能泼冷水。

（3）在医务人员未接替救治前不可中断抢救，只有医生有权作出触电者死亡的诊断。

项目二

常用电工仪表的使用

知识树

常用电工仪表的使用
- 任务1 万用表的使用
  - 万用表的分类及外形结构
  - 使用万用表的注意事项
  - 用万用表测量电阻、电压、直流电流的方法及注意事项
- 任务2 兆欧表、钳形电流表的使用
  - 兆欧表的使用
  - 钳形电流表的使用

项目目标

1. 了解万用表的分类及外形结构，掌握用其测量电阻、电压、电流的方法及注意事项。
2. 熟悉兆欧表、钳形电流表的结构，掌握其使用方法。
3. 培养学生的安全文明生产意识、质量意识和团队协作精神。

项目描述

为了掌握电气设备的特性和运行情况，常需借助各种电工仪表对电气设备或电路进行检测，常用的电工仪表有万用表、兆欧表、钳形电流表等，我们要学会正确使用这些电工仪表。工作任务单见表2-1。

表2-1 工作任务单

工作任务	常用电工仪表的使用		派工日期	年 月 日
工作人员		工作负责人	完成日期	年 月 日
签收人			签收日期	年 月 日
工作内容	1. 了解万用表的外形结构，掌握测量电阻、电压、电流的方法及注意事项 2. 熟悉兆欧表、钳形电流表的结构，掌握其使用方法			

续表

申领器材	该项由安装人员填写： 器材申领人：
任务验收	填写设备的主要验收技术参数和功能实现，由质检人员填写： 质检人员：
车间负责人评价	 负责人签字：

项目分析

电工仪表作为机电设备工作人员的常用工具，有着广泛的应用。其中万用表是一种多功能、多量程、常用的便携式电工仪表，可用来测量电阻、交直流电压和电流等。兆欧表（摇表）是测量高电阻的仪表，可用来测量电动机、电缆、变压器和其他电气设备的绝缘电阻，因而也称绝缘电阻测定器。钳形电流表是一种用于测量运行中的电气线路电流大小的仪表，可在不断电的情况下测量电流。

随着科技的不断发展，我国的电工仪表行业紧跟时代步伐，进入了一个快速发展期，在一些技术领域达到了世界先进水平，作为电工从业人员，一定要学会电工仪表的使用，刻苦学习专业知识，提高自身的技能水平，争取早日成为一名高水平的技能型人才，报效祖国。

任务1　万用表的使用

学习目标

1. 了解万用表的外形结构，掌握测量电阻、电压、电流的方法及注意事项。
2. 培养学生的安全文明生产意识、质量意识和团队协作精神。

任务描述

指针式万用表是一种多功能、多量程的便携式电工仪表，一般可用来测量电阻、交直流电压和电流等。通过量程转换开关来选择相应的功能，测量结果根据量程和表盘刻度读出。有些万用表还可测量电容、电感、功率、晶体管共射极直流放大系数等。作为电工从业人员，必定要懂得万用表的使用，在常规的电工基本技能教学中，也把如何使用万用表作为衡量基础是否扎实的标准。

本任务以小组为单位，仔细观察万用表的外形结构，通过学会测量电阻箱的电阻、直流电源的电压、交流电源的电压以及直流电流来熟悉万用表的使用方法及注意事项，并做好记录。整个过程要求团队协作、主动探究、严谨细致、精益求精。

任务知识库

一、万用表的分类及外形结构

万用表可分为指针式万用表和数字式万用表，如图2-1所示。

指针式万用表　　数字式万用表

图2-1　万用表

我们现在常用的主要是MF47型指针式万用表，如图2-2所示，指针式万用表可用来测量电阻、交直流电压和电流等，通过量程转换开关来选择相应的功能，测量结果根据量程和表盘刻度读出。

我们也将以MF47型指针式万用表为例，介绍万用表的有关结构、组成、使用方法及注意事项。

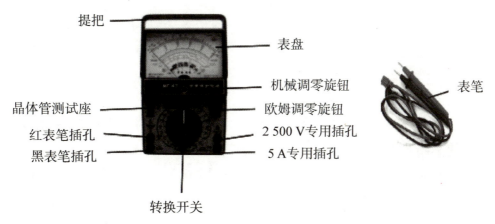

图2-2　MF47型指针式万用表的外形结构

指针式万用表主要由表头、转换开关（又称选择开关）、测量线路三部分组成。

表头：测量的显示装置。万用表的表头实际上是一个灵敏电流计，表头上的表盘印有多种符号、刻度线（又称为标度尺）和数值，如图2-3所示。电压、电流刻度线下的三行数字是与选择开关的不同挡位相对应的刻度值，便于读数。测量时，应根据测量项目和量程，在相应的刻度线上读取数据。通过旋转转换开关，选择不同的测量项目和不同的量程。

转换开关：选择被测物理量的种类和量程（或倍率），如图2-4所示。

测量线路：将不同性质和大小的被测电量转换为表头所能接受的直流电流。

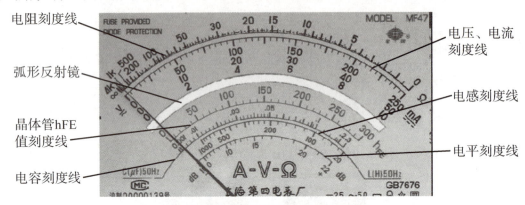

图2-3 MF47型指针式万用表表盘

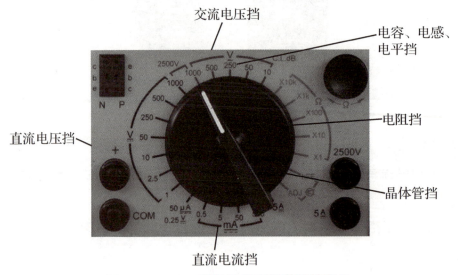

图2-4 MF47型指针式万用表转换开关

二、使用万用表的注意事项

（1）测量前，观察表头指针是否处于电压、电流刻度线的零点，若不在零点，则应调整机械调零旋钮，使其指零。

（2）测量前，要根据测量的项目和大小，把转换开关旋转到合适的位置。在选择电压、电流的量程时，应尽量使表头指针偏转到刻度线满偏转的2/3左右。如果事先无法估计被测量的大小，可先选择最大量程挡，根据指针偏转再选择合适的挡位。

（3）测量时，要根据选好的测量项目和量程挡，明确应在哪一条刻度线上读数。读数时，眼睛应位于指针正上方，读数要准确，并及时做好记录。

（4）测量结束后，应将转换开关旋转到交流电压最高挡位。

（5）万用表长期不用时，应将表内电池取出，以防电池漏液腐蚀表内元件。

三、用万用表测量电阻、电压、直流电流的方法及注意事项

1. 测量电阻

（1）测量前或每次更换倍率挡时，都应重新调整欧姆零点。方法：将两表笔短路，调节"Ω"调零旋钮，使表头指针指向"0"处。如果表头指针不能指到欧姆零点，说明表内电池电压太低，已不符合要求，应该更换。

（2）测电阻时直接将两表笔跨接在被测电阻或电路的两端。严禁在被测电路带电的情况下测量电阻。

（3）测量电阻时，选择合适的倍率挡，使表头指针尽可能接近电阻刻度线的中心区域。电阻值为电阻值刻度盘读数乘以当前选择的电阻挡位倍率。

（4）测量中不允许用手同时触及被测电阻两端。

2. 测量直流电压

（1）测量前，将转换开关旋转到对应的直流电压量程挡。

（2）测量时，将两表笔并联在被测电路或被测元器件两端。注意被测电路极性，正端接红表笔，负端接黑表笔。

（3）测量直流电压（包括交流电压）时，严禁在测量中旋转转换开关选择量程。

（4）测量直流电压（包括交流电压）时，要养成单手操作习惯，即预先把一支表笔固定在被测电路公共接地端，单手拿另一支表笔进行测量。

3. 测量交流电压

（1）测量前，将转换开关旋转到对应量程的交流电压挡。

（2）测量时，将两表笔并联在被测电路或被测元器件两端。

（3）交流电压挡刻度指示的是正弦信号有效值，仅适用于 45 Hz～1000 Hz 正弦信号的测量，否则测量误差很大，结果只能作为参考。

4. 测量直流电流

（1）测量前，将转换开关旋转到对应量程的直流电流挡。

（2）测量前必须先断开电路电源，把万用表串联到被测电路中，否则极易烧表。注意被测电路极性，正端接红表笔，负端接黑表笔。

（3）正确使用挡位和刻度。应在指针偏转较大位置读数，以提高测量精度。同时，为减小万用表的分压作用，在保证指针偏转角度不太小的情况下尽量选择高量程挡进行测量，这时表的等效内阻较小，对被测电路影响小。

（4）严禁在测量的同时换挡。如需换挡应先断开表笔，换挡后再测量，否则会使万用表毁坏。

四、拓展阅读

数字式万用表的使用方法如下，如图2-5所示。

1. 注意事项

（1）测量前，先检查红、黑表笔连接的位置是否正确。红色表笔接到红色接线柱或标有"+"号的插孔内，黑色表笔接到黑色接线柱或标有"COM"号的插孔内，不能反接，否则在测量直流电物理量时会因正负极的反接损坏表头的部件。

图2-5 数字式万用表

（2）在表笔连接被测电路前，一定要查看所选挡位与测量对象是否相符，否则，误用挡位和量程，不仅得不到测量结果，还会损伤万用表。

（3）测量时，手指不要触及表笔的金属部分和被测元器件。

（4）测量中若需旋转转换开关，必须在表笔离开电路后才能进行。否则，转换开关转动产生的电弧易烧坏选择开关的触点，造成接触不良的事故。

（5）在实际测量中，经常要测量多种物理量，每一次测量前要注意根据测量任务把转换开关旋转到相应的挡位和量程。

（6）测量完毕后，转换开关应置于交流电压最大量程挡。

2. 电阻的测量

将万用电表转换开关旋转至电阻挡，不清楚被测元件电阻大小时可从高挡位开始，将红表笔插入"V/Ω/F"插孔，黑表笔插入"COM"插孔，然后将表笔连接至被测元件两端测量。如果显示"1"则表示超出量程，需要换用更高量程。

3. 二极管挡测量

将黑色表笔插入"COM"插孔，红色表笔插入"V/Ω/F"插孔。将转换开关旋转至所需的"蜂鸣器/二极管"挡。用此挡位检测二极管时，显示的数值就是二极管的正向压降值。

当所测元件电阻小于一定值时，蜂鸣器会响，以此可判断电路中是否有短路。

4. 交流电压测量

将黑色表笔插入"COM"插孔，红色表笔插入"V/Ω/F"插孔。将转换开关旋转至交流电压挡，并将表笔连接到待测电源或负载上，从显示器上读取测量结果。在不清楚被测电压高低时同样从高挡位开始测试。

5. 直流电压测量

将黑色表笔插入"COM"孔，红色表笔插入"V/Ω/F"插孔。将功能开关旋转至直流电压挡，并将表笔连接到待测电源或负载上，红色表笔所接端的极性将和电压值同时显示在显示器上。在不清楚被测电压高低时同样从高挡位开始测试。

6. 交流电流测量

将黑表笔插入"COM"插孔，当测量最大值为200 mA的电流时，红表笔插入"mA"插孔；当测量最大值为 20 A 的电流时，红表笔插入"20 A"插孔。将转换开关旋转至交流电流挡，并将表笔串联接入待测电路。

任务 2　兆欧表、钳形电流表的使用

学习目标

1. 熟悉兆欧表、钳形电流表的结构和使用方法。
2. 会用兆欧表检查设备的绝缘电阻。
3. 会用钳形电流表直接测量线路的电流。

任务描述

以小组为单位，仔细观察兆欧表、钳形电流表的结构，探究其使用方法及注意事项。整个过程要求团队协作、主动探究、严谨细致、精益求精。

任务知识库

一、兆欧表的使用

兆欧表大多采用手摇发电机供电，故又称摇表，是一种测量电气设备和线路绝缘电阻的便携式仪表，兆欧表刻度尺都是以兆欧（MΩ）为单位，其外形结构如图 2-6 所示。

兆欧表主要由三个部分组成：手摇直流发电机（有的用交流发电机加整流器）、磁电式流比计及接线桩（L、E、G）。

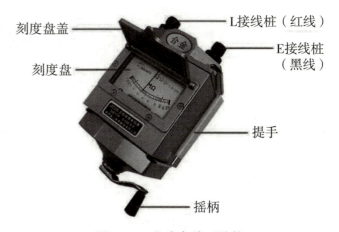

图 2-6　兆欧表外形结构

1. 兆欧表的选用

常用的兆欧表的规格有 250 V、500 V、1 000 V、2 500 V、5 000 V 等。选用兆欧表主要应考虑它的输出电压，一般情况下，额定电压在 500 V 以下的电气设备，应选用 500 V 或 1 000 V 的兆欧表；额定电压在 500 V 以上的设备，选用 1 000~2 500 V 的兆欧表。

2. 兆欧表的基本使用方法和注意事项

1) 测量前的准备工作

（1）看兆欧表引线是否正常，绝缘有无破损，与接线桩连接是否牢固。

（2）对兆欧表进行开路试验和短路试验，检查兆欧表是否良好。在开路情况下，摇动手柄，兆欧表指针应指向∞，在 L 线和 E 线短路情况下，缓慢转动兆欧表手柄，指针应指向 0 处，符合上述条件者即良好，否则就有故障。

（3）如果要测量的设备表面灰尘较多，应先清理灰尘，否则会影响测量的准确性。

（4）对接有电源的电气设备应该先切断电源，严禁在带电时测量；对带有电容器的电气设备，测量前要先放电，再进行测量。

2) 测量

（1）兆欧表必须水平放置于平稳牢固的地方，以免在摇动时因抖动和倾斜产生测量误差。

（2）接线必须正确。兆欧表有三个接线桩，即"E"（接地）、"L"（线路）和"G"（保护环）。在测量电气设备的对地绝缘电阻时，"L"用单根导线接设备的待测部位，"E"用单根导线接设备外壳；如测电气设备内两绕组之间的绝缘电阻时，将"L"和"E"分别接两绕组的接线端；当测量电缆的绝缘电阻时，为消除因绝缘物表面轴向漏电产生的误差，应将"L"接线芯，"E"接外壳，"G"接线芯与外壳之间的绝缘层，上述测量方法如图 2-7 所示。

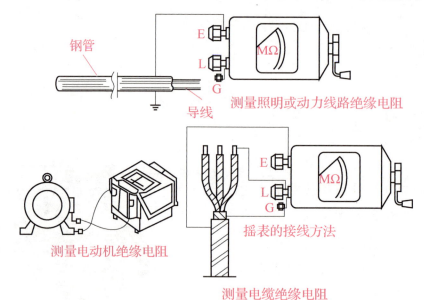

图 2-7 兆欧表的接线

（3）摇动手柄的转速一般规定为 120 r/min。待指针稳定下来再读数。

（4）兆欧表未停止转动以前，切勿用手去触及设备的测量部分或摇表接线桩。

（5）测量完毕后，应对设备充分放电，否则容易引起触电事故。拆线时，也不可直接去触及引线的裸露部分。

二、钳形电流表的使用

1. 钳形电流表简介

钳形电流表的外形如图 2-8 所示。

图 2-8　钳形电流表的外形

1）钳形电流表的特点

钳形电流表简称钳形表，是一种不需断开电路就可直接测量电路交流电流的便携式仪表，在电气检修中使用非常方便，此种测量方式最大的益处就是可以测量大电流而不需断开被测电路。

2）钳形电流表的结构

钳形电流表工作部分主要由一只电磁式电流表和穿心式电流互感器组成。穿心式电流互感器铁芯制成活动开口，且成钳形，故名钳形电流表，如图 2-9 所示。

3）钳形电流表的分类

钳形电流表按显示方式分为指针式钳形电流表和数字式钳形电流表。

钳形电流表最初是通过用来测量交流电流的，但是现在万用表有的功能它也都有，可以测量交直流电压、电流、电容、二极管、三极管、电阻、温度、频率等。

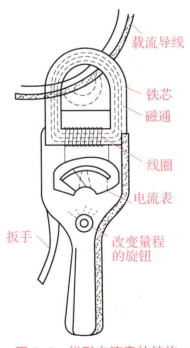

图 2-9　钳形电流表的结构

2. 使用方法

（1）测量前要机械调零。

（2）选择合适的量程，先选大，后选小量程或看铭牌值估算。

（3）使用时将钳口张开，让通电导线通过钳口即可，为了得到较准确的读数，可把导线多绕几圈放进钳口进行测量，但实际电流数值应为读数除以放进钳口内的导线根数。

（4）测量完毕后，要将转换开关旋转至最大量程处。

3. 使用注意事项

（1）被测线路的电压要低于钳形电流表的额定电压。

(2) 测高压线路电流时，要戴绝缘手套，穿绝缘鞋，站在绝缘垫上。

(3) 钳口要闭合紧密不能带电换量程。

4. DT-6266 系列数字式钳形电流表

DT-6266 系列数字式钳形电流表的结构如图 2-10 所示，其使用方法如下。

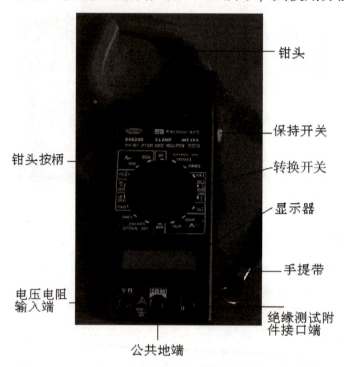

图 2-10　DT-6266 系列数字式钳形电流表的结构

1）直流和交流电压测量

(1) 将红色表笔插入"VΩ"插孔，黑色表笔插入"COM"插孔。

(2) 将转换开关置于 DCV（直流电压）或 ACV（交流电压）相应位置上，便可测量。

2）电阻测量和通断检查

(1) 将红色表笔插入"VΩ"插孔，黑色表笔插入"COM"插孔。

(2) 将转换开关置于"Ω"（欧姆）挡相应位置上，将两表笔跨接在被测电阻两端，即可测得电阻值。

(3) 将转换开关置于二极管（音响）挡，将两表笔跨接在线路上，当电阻小于 70 Ω 时，蜂鸣器发出声音。

3）交流电流测量

(1) 数据保持开关（DATE HOLD）处于未保持状态（没有压下）。

(2) 将转换开关置于"ACA"（交流电流）的 1 000 A 挡上。

(3) 按下钳头按柄，钳即打开，把导电体夹在钳内，即可测得导电体的电流值，同时夹住两个或三个导电体是不能测量的。

注意：当测得电流小于 200 A 时，应把转换开关置于 200 A 挡，这样可以测的更准确。如果因环境条件限制，如暗处无法直接读数，可按下保持键，拿到亮处读取。

4）绝缘电阻测试

（1）将转换开关置于 2 000 MΩ 挡，这时显示的数据是不稳定的，这是正常现象。

（2）将绝缘测试仪的"VΩ""COM""EXT"三个插头插入钳形电流表的"VΩ""COM""EXT"插孔中。

（3）将 261 绝缘测试仪的转换开关（RANGE）置于 2 000 MΩ 挡上。

（4）将红色表笔插入"L"插孔，黑色带夹子的表笔插入"E"插孔中，并和待测物连接，（待测物必须关掉电源）。

（5）将 261 绝缘测试仪的电源开关（POWER）置于 ON（开）上。

（6）按压 261 绝缘测试仪的 PUSH—500 V 开关，500 V 红灯亮，钳形电流表显示出电阻值，当显示的数据小于 19 MΩ 时，将钳形电流表的转换开关和绝缘测试仪的量程开关置于 20 MΩ 挡可提高精度，当电阻值超过 2000MΩ 或开路时显示"1"。

（7）测试完后或不用时，电源必须关闭（OFF），拔出表笔，这样可以省电和防止发生触电事故。

（8）当显示屏上出现"LOBAT"和 261 绝缘测试仪上的 LOBAT 灯亮时，表示电池不足，应更换。

＊用户可根据需要进行选购 261 绝缘测试仪。

5）频率测量

（1）将红表笔插入"VΩ"插孔，黑表笔插入"COM"插孔。

（2）将转换开关置于 2 kHz 挡，将两表笔连接到频率源上，便可测量。

6）温度测量

测量温度时，将热电偶传感器的冷端（自由端）插入温度测试座，热电偶的工作端（测温端）置于待测物上面或内部，可直接从显示器上读取温度值。读数的单位为℃或者℉。

项目三

引风机控制电路的设计与安装——正转控制电路的设计与安装

知识树

```
                                                    ┌ 低压断路器
                         任务1  认识低压断路器、按钮 ┤
                                                    └ 按钮
                                                    ┌ 熔断器
                         任务2  认识熔断器、热继电器 ┤
                                                    └ 热继电器
引风机控制电路
的设计与安装   ─┤ 任务3  认识交流接触器
                                                    ┌ 点动正转控制电路
                                                    │ 自锁正转控制电路
                         任务4  引风机控制电路     ┤ 绘制、识读电路图、布置图和接线图的原则与要求
                                 的设计与安装       │ 板前明线布线工艺要求
                                                    │ 电路故障检测方法
                                                    └ 点动与连续混合正转控制电路
```

项目目标

1. 熟悉低压断路器、按钮、熔断器、热继电器、交流接触器的结构，掌握其工作原理、作用、安装接线及选用方法，熟记图形文字符号。

2. 熟悉电动机正转（点动、连续、点动与连续）控制电路的功能、特点、工作原理，了解其在工程技术中的典型应用。

3. 会绘制和识读引风机控制电路的电路图、布置图和接线图。

4. 熟悉板前明线布线工艺规范标准。

5. 熟悉电气控制电路故障维修的电阻测量法、电压测量法。

6. 会根据工作任务要求安装、调试、运行和维修引风机控制电路。

7. 掌握连续与点动混合正转控制电路的原理图和工作原理。

8. 培养学生的安全文明生产意识、质量意识和团队协作精神。

项目描述

在电焊加工车间里，电焊师傅在作业时会产生大量的烟雾，严重危害工人师傅的身体健康，为了营造良好的工作环境，某工厂预安装除尘用的引风机，如图3-1所示。现工厂委托同学们为他们的电焊车间安装两台引风机控制配电箱，使其能够正常运转。希望同学们通过学习完成安装任务。工作任务单见表3-1。

图 3-1 引风机设备

表 3-1 工作任务单

工作任务	安装电焊车间引风机控制配电箱	派工日期	年	月	日
乙方项目经理		完成日期	年	月	日
签收人		签收日期	年	月	日
工作内容	1. 安装引风机控制配电箱，能够远距离控制引风机的连续运转与停止 2. 根据已安装就位的引风机设备，用电缆从车间动力配电箱引出电源，通过控制配电箱将电源引入引风机设备 3. 控制配电箱安装完成后，进行检验和通电试车，合格后交付该车间使用 4. 将相关技术资料交付车间档案室归档保存					
申领器材	该项由电气安装工程师填写： 器材申领人：					
任务验收	填写设备的主要验收技术参数和功能实现，由质检人员填写： 质检人员：					
车间负责人评价	 负责人签字：					

项目分析

引风机广泛用于工厂、矿井、隧道、冷却塔、车辆、船舶和建筑物的通风、排尘和冷却，以及锅炉和工业炉窑的通风和引风。需要引风机运转时，按下启动按钮，引风机连续运转，按下停止按钮，引风机就停止运转。

1. 技术要求

车间引风机控制系统由风机电动机、电源和控制配电箱等构成。电路出现短路故障或风机电动机过载时，控制系统应能够立即切断风机电动机的电源，对风机电动机起到短路和过载保护；当风机电动机电源电压过低或失电压时，能够自动停止风机电动机的运行，当电源再次恢复正常时，风机电动机不能自行启动，必须人工按下启动按钮才能启动。由上可知，风机电动机的控制不能采用低压开关来直接控制，否则无法实现控制要求。应采用按钮和接触器来控制，同时应具有短路、过载、失压与欠压保护以及漏电保护措施。

2. 控制电路

控制电路的电路图和实物图如图 3-2 所示，它由三相电源 L1、L2、L3、低压断路器 QF、低压熔断器 FU1 和 FU2、交流接触器 KM、热继电器 FR、停止按钮 SB1 和启动按钮 SB2、三相交流异步电动机 M 构成。引风机的连续运转是通过按钮、接触器控制电动机作单向连续运转和停止来实现的，其属于接触器自锁正转控制电路。

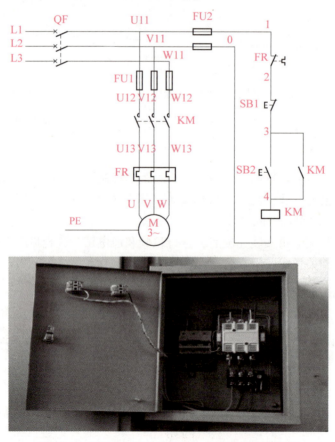

图 3-2 引风机控制电路的电路图和实物图

项目三 引风机控制电路的设计与安装——正转控制电路的设计与安装

任务 1　认识低压断路器、按钮

学习目标

1. 了解低压断路器、按钮的结构、功能。
2. 掌握低压断路器、按钮的工作原理。
3. 熟记低压断路器、按钮的图形符号、文字符号。
4. 能正确选用低压断路器、按钮以及安装接线。
5. 培养学生的安全文明生产意识、质量意识和团队协作精神。

任务描述

本任务以小组为单位，仔细观察多种低压断路器、按钮，收集相关资料，熟悉元器件的参数及标识的含义，利用万用表分别检测在合闸或分闸低压断路器时及按下或松开按钮时各对触点的电阻，并做好记录。拆开按钮，观察其内部结构，探究其动作原理，完成后将按钮组装好后归位，整个过程要求团队协作、主动探究、严谨细致、精益求精。

任务知识库

电器就是一种能根据外界的信号和要求，手动或自动地接通或断开电路，实现对电路或非电对象的切换、控制、保护、检测和调节的元件或设备。

根据工作电压的高低，电器可分为高压电器和低压电器。工作在交流额定电压 1 200 V 及以下、直流额定电压 1 500 V 及以下的电器称为低压电器。

低压电器作为一种基本元器件，被广泛应用于输配电系统和电力拖动系统中，在实际生产中起着非常重要的作用。

低压电器种类繁多，分类方法也很多。分类方法见表 3-2。

表 3-2　低压电器的分类

分类方法	类别	说明及用途
低压电器的用途和所控制的对象分	低压配电电器	包括低压开关、低压熔断器等，主要用于低压配电系统中及动力设备中
	低压控制电器	包括接触器、继电器、电磁铁等，主要用于电力拖动及自动控制系统中

续表

分类方法	类别	说明及用途
按低压电器的动作方式分	自动切换电器	依靠电器本身参数的变化或外来信号的作用，自动完成接通或分断等动作的电器，如接触器、继电器等
	非自动切换电器	主要依靠外力（如手动控制）直接操作来进行切换的电器，如按钮、低压开关等
按低压电器的执行机构分	有触点电器	具有可分离的动触点和静触点，主要利用触点的接触和分离来实现电路的接通和断开控制，如接触器、继电器等
	无触点电器	没有可分离的触点，主要利用半导体元器件的开关效应来实现电路的通断控制，如接近开关、固态继电器等

一、低压断路器

1. 功能、分类

1）功能特点

低压断路器也称自动空气开关，主要用在交、直流低压电网中，可对电路或用电设备实现过载、短路和欠电压等保护，也可以用于在正常情况下不频繁地接通或断开电路以及控制小容量电动机的运行，是一种重要的控制和保护电器。

低压断路器具有操作安全、安装使用方便、工作可靠、动作值可调、分断能力较强、兼有多种保护、动作后不需要更换元件等优点，因此得到了广泛应用。

2）分类

低压断路器有多种分类方法，见表 3-3。

表 3-3 低压断路器分类

分类方法	类型
按结构形式分	塑壳式、框架式、限流式、直流快速式、灭磁式和漏电保护式
按操作方式分	人力操作式、动力操作式和储能操作式
按安装方式分	固定式、插入式和抽屉式
按极数分	单极式、二极式、三极式和四极式
按用途分	配电用断路器、电动机保护用断路器、漏电保护用断路器和其他负载（如照明）用断路器

2. 外形、符号

几种低压断路器外形如图 3-3 所示。

低压断路器的图形符号和文字符号如图 3-4 所示。

 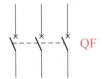

图 3-3　几种低压断路器外形　　　图 3-4　低压断路器的图形符号和文字符号

3. 型号含义

低压断路器型号很多，其中 DZ 系列最为常用，DZ 系列低压断路器的型号含义如下：

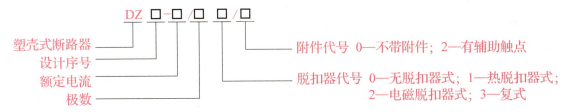

4. 结构、工作原理

低压断路器内部结构如图 3-5 所示。

断路器的工作原理示意如图 3-6 所示。

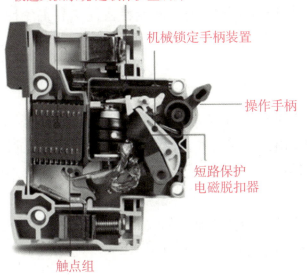 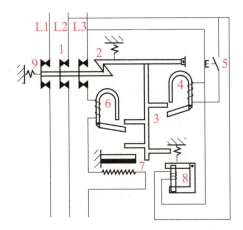

图 3-5　低压断路器内部结构　　　图 3-6　断路器的工作原理示意

1—主触点；2—搭钩；3—杠杆；4—分励脱扣器；
5—分断按钮；6—过电流脱扣器；7—热脱扣器；
8—欠电压脱扣器；9—复位弹簧。

工作原理如下：断路器合上后，主触点闭合，当电路发生短路或严重过载时，由于电流过大，过电流脱扣器的衔铁吸合，推动杠杆将搭钩顶开，主触点在弹簧的作用下断开；当电路发生过载时，热脱扣器的热元件发热使双金属片发生弯曲，推动杠杆将搭钩顶开，使主触点断开；当电路失压或电压过低时，欠电压脱扣器的衔铁因吸力不足而释放，推动杠杆将搭钩顶开，使主触点断开。分励脱扣器用于远距离切断电路，当需要分断电路时，按下分断按钮，分励脱扣器线圈通电，衔铁吸合，推动杠杆将搭钩顶开，使主触点断开。

5. 选用方法

（1）低压断路器的额定电压应不小于被保护电路的额定电压，欠电压脱扣器的额定电压等于被保护电路的额定电压，分励脱扣器的额定电压等于被保护电路的额定电压。

（2）低压断路器的壳架等级额定电流应不小于被保护电路的负载电流。

（3）低压断路器的额定电流不小于被保护电路的负载电流。用于保护电动机时，热脱扣器的整定电流应等于电动机额定电流；用于保护三相笼型异步电动机时，其过电流脱扣器整定电流为电动机额定电流的 8~15 倍；用于保护三相绕线式异步电动机时，其过电流脱扣器整定电流为电动机额定电流的 3~6 倍；用于控制照明电路时，其过电流脱扣器整定电流一般取负载电流的 6 倍。

6. 安装接线

低压断路器应垂直配电板安装，电源引线应接到上端，负载引线接到下端。

二、按钮

按钮是一种手动操作短时接通或分断小电流电路的电器，通常用于控制电路发出启动或停止命令。

按钮是主令电器的一种，常用的主令电器有按钮、位置开关、万能转换开关和主令控制器等。这里主要介绍按钮。

1. 功能、分类

1）功能

按钮是一种人力操作并具有弹簧储能复位功能的控制开关。其触点允许通过的电流较小，一般不超过 5 A。在控制电路（小电流电路）中发出指令或信号，控制接触器、继电器、启动器等电器，再由它们去控制主电路的通断、功能转换或电气联锁。

2）分类

按钮按不受外力作用（静态）时触点的分合状态，分为启动按钮（即动合触点）、停止按钮（即动断触点）和复合按钮（即动合、动断触点组合在一起的按钮）。

2. 外形、符号

几种常用按钮的外形如图 3-7 所示。

图 3-7 几种常用按钮的外形

按钮的图形符号和文字符号如图3-8所示。

图3-8 按钮的图形符号和文字符号

3. 型号含义

按钮的型号含义如下：

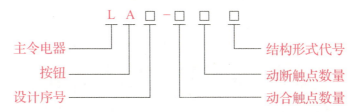

4. 结构、工作原理

复合按钮内部结构和结构示意如图3-9所示。按钮一般由按钮帽、复位弹簧、桥式动触点、静触点、支柱连杆及外壳等部分组成。

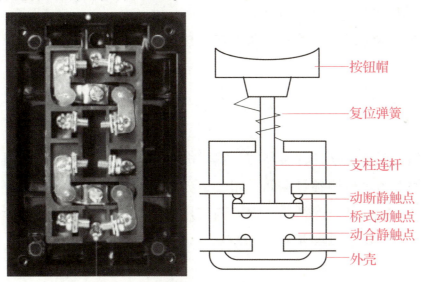

图3-9 复合按钮内部结构和结构示意

按钮工作原理：复合按钮有两对触点，桥式动触点和上部两个静触点组成一对动断（常闭）触点，桥式动触点和下部两个静触点组成一对动合（常开）触点；按下按钮帽时，桥式动触点向下移动，先断开动断触点，后闭合动合触点，松手后，在弹簧作用下自动复位。

5. 选用方法

（1）根据使用场合选择按钮的种类，如开启式、保护式、防水式和防腐式等。

（2）根据用途选用合适的形式，如旋钮式、钥匙式、紧急式和带灯式等。

（3）根据控制电路的要求选择不同按钮数，如单钮、双钮、三钮和多钮等。

（4）根据按钮在控制电路中所起作用选择按钮的颜色。

（5）根据控制电路的额定电压和额定电流选择按钮的额定电压和额定电流。

6. 安装接线

按钮安装在面板上时，应布置整齐，排列合理（如根据电动机启动的先后顺序，从上到下或从左到右排列），操作方便（如同一机床运动部件有几种不同的工作状态时，应使每一对相反状态的按钮安装在一组），牢固安全（如安装按钮的金属板或金属按钮盒必须可靠接地）。

任务 2　认识熔断器、热继电器

学习目标

1. 了解熔断器、热继电器的结构、功能。
2. 掌握熔断器、热继电器的工作原理。
3. 熟记熔断器、热继电器的图形符号、文字符号。
4. 能正确选用熔断器、热继电器以及安装接线。
5. 培养学生的安全文明生产意识、质量意识和团队协作精神。

任务描述

以小组为单位，仔细观察各种熔断器、热继电器，收集资料，熟悉元器件的参数及各种标识的含义，利用万用表检测各触点间在闭合或分断时的通断情况，并做好记录。仔细拆开熔断器、热继电器，观察其内部结构，探究其使用方法。探究结束，将熔断器、热继电器组装好后归位。整个过程要求团队协作、主动探究、严谨细致、精益求精。

任务知识库

一、熔断器

1. 功能

熔断器属于保护电器，在低压配电网络和电气控制设备中常用作短路保护。它具有结构简单、价格便宜、动作可靠、使用维护方便等优点。

2. 外形、符号

几种熔断器的外形如图 3-10 所示。

图 3-10　几种熔断器的外形

熔断器的图形符号和文字符号如图 3-11 所示。

FU

图 3-11　熔断器的图形符号和文字符号

3. 型号含义

熔断器的型号含义如下：

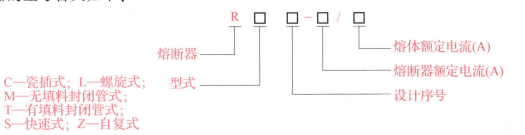

4. 结构、工作原理

RT 系列熔断器结构如图 3-12 所示。

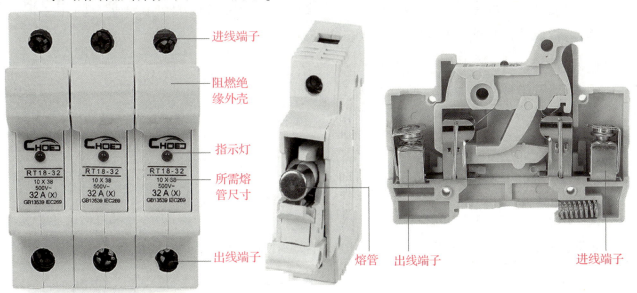

图 3-12　RT 系列熔断器结构

由熔体、安装熔体的熔管和熔座三部分组成。

工作原理：使用时，其熔体串联在被保护电路中。在正常情况下，熔断器的熔体相当于一段导体；当电路发生短路故障时，通过熔体的电流达到或超过某一规定值时，熔体能迅速熔断，从而自动分断电路，起到短路保护作用。

5. 选用方法

（1）熔断器额定电压应不小于线路的工作电压。

（2）熔断器的额定电流应不小于所装熔体的额定电流。

（3）熔体额定电流的选择。

①当熔断器保护电阻性负载时，熔体的额定电流 I_{RN} 等于或稍大于电路的工作电流。

②当熔断器保护一台电动机时，熔体的额定电流 I_{RN} 应不小于 1.5~2.5 倍的电动机额定电流 I_N，即 $I_{RN} \geq (1.5 \sim 2.5) I_N$，轻载启动或启动时间短时，$I_{RN}$ 可取得小些。相反，若重载启动或启动时间长时，I_{RN} 可取得大些。

③当熔断器保护多台电动机时，熔体的额定电流 I_{RN} 可按下式计算，即

$$I_{RN} \geq (1.5 \sim 2.5) I_{MN} + \sum I_N$$

式中，I_{MN} 为容量最大的电动机额定电流；$\sum I_N$ 为其余电动机额定电流之和。

二、热继电器

1. 功能、分类

1）功能

热继电器是继电器的一种，它是利用流过热继电器的电流所产生的热效应而反时限动作的自动保护电器。热继电器主要与接触器配合使用，用作电动机的过载保护、断相保护、电流不平衡运行保护及其他电气设备发热状态的控制。

2）分类

热继电器有多种分类方法，见表3-4。

表3-4 热继电器的分类

分类方法	类型
按动作方式分	双金属片式、热敏电阻式和易熔合金式
按极数分	单极、两极和三极
按复位形式分	自动复位式（触点动作后能自动返回原位）和手动复位式

2. 外形、符号

几种热继电器的外形如图3-13所示。

项目三　引风机控制电路的设计与安装——正转控制电路的设计与安装

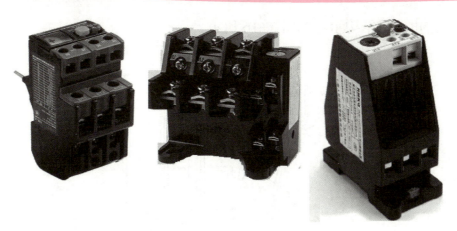

图 3-13　几种热继电器的外形

热继电器的图形符号和文字符号如图 3-14 所示。

热继电器驱动器件　　动断(常闭)触点

图 3-14　热继电器的图形符号和文字符号

3. 型号含义

热继电器的型号含义如下：

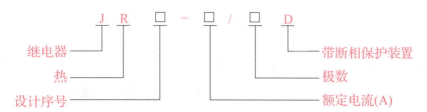

4. 结构、工作原理

JR36 系列热继电器的结构如图 3-15 所示。

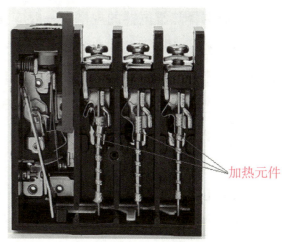

图 3-15　JR36 系列热继电器的结构

JR36 系列热继电器的结构示意如图 3-16 所示。

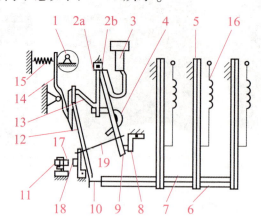

图 3-16 JR36 系列热继电器的结构示意

1—电流调节凸轮；2—片簧（2a、2b）；3—手动复位按钮；4—弓簧片；5—主双金属片；
6—下导板；7—上导板；8—常闭（动断）静触点；9—常闭（动断）动触点；10—杠杆；
11—复位调节螺钉；12—补偿双金属片；13—推杆；14—连杆；15—压簧；16—加热元件；
17—常开（动合）静触点；18—常开（动合）动触点；19—推杆。

工作原理：当电路过载时，流过加热元件的电流超过热继电器的整定电流，加热元件发热并使双金属片弯曲，通过机械联动机构将动断触点断开，切断控制电路，从而使主电路断开。

5. 选用方法

热继电器的技术参数主要有额定电压、额定电流、整定电流和热元件规格，选用时，一般只考虑其额定电流和整定电流两个参数，其他参数只有在特殊要求时才考虑。

（1）热继电器的额定电压是指热继电器触点长期正常工作所能承受的最大电压，选用时额定电压不小于触点所在线路的额定电压。

（2）热继电器的额定电流是指热继电器允许装入热元件的最大额定电流，根据电动机的额定电流选择热继电器的规格，一般应使热继电器的额定电流略大于电动机的额定电流。

（3）整定电流是指长期通过热元件而热继电器不动作的最大电流。一般情况下，热元件的整定电流为电动机额定电流的 0.95~1.05 倍。

（4）当热继电器所保护的电动机定子绕组是 Y 形接法时，可选用普通三相结构的热继电器；当电动机定子绕组是三角形接法时，必须采用三相结构带断相保护装置的热继电器。

6. 安装接线

热继电器必须按照产品说明书中规定的方式安装。当与其他电器安装在一起时，应注意将热继电器安装在其他电器的下方，以免其动作特性受到其他电器发热的影响。

任务 3 认识交流接触器

学习目标

1. 了解交流接触器的结构、功能。
2. 掌握交流接触器的工作原理。
3. 熟记交流接触器的图形符号、文字符号。
4. 能正确选用交流接触器以及安装接线。
5. 培养学生的安全文明生产意识、质量意识和团队协作精神。

任务描述

以小组为单位，仔细观察各种交流接触器，收集资料，熟悉元器件的各种标识的含义，利用万用表测量交流接触器线圈的阻值，按下实验按钮和松开实验按钮两种情况下测量各触点的通断情况，并做好记录。仔细拆开交流接触器，观察其内部结构，探究其工作原理及使用方法。探究结束，将交流接触器组装好后归位。整个过程要求团队协作、主动探究、严谨细致、精益求精。

任务知识库

1. 功能、分类

1) 功能

接触器的优点是能实现远距离自动操作，具有欠电压和失电压自动释放保护功能，控制容量大，工作可靠，操作频率高，使用寿命长，适用于远距离频繁接通和断开交、直流主电路及大容量的控制电路。

2) 分类

交流接触器的分类方法不尽相同。按照一般的分类方法，大致有以下几种，如表 3-5 所示。

表 3-5 交流接触器的分类

分类方法	类型	应用
按主触点极数分	可分为单极、双极、三极、四极和五极接触器	单极接触器主要用于单相负载，如照明负载、电焊机等； 双极接触器用于绕线转子异步电动机的转子回路中，启动时用于短接启动电阻； 三极接触器用于三相负载，如在电动机的控制及其他场合，使用最为广泛； 四极接触器主要用于三相四线制的照明线路，也可用来控制双回路电动机负载； 五极交流接触器用来组成自耦补偿启动器或控制双速笼型异步电动机等，以变换绕组接法
按灭弧介质分	可分为空气式接触器、真空式接触器	空气式接触器依靠空气绝缘的接触器适用于一般负载； 真空式接触器常用在煤矿、石油、化工企业及电压为 660 V 和 1 140 V 的一些特殊场所等
按负载种类分	一类（AC1） 二类（AC2） 三类（AC3） 四类（AC4）	一类（AC1）：控制无感或微感负载，如白炽灯、电阻炉等； 二类（AC2）：用于绕线转子异步电动机的启动和停止； 三类（AC3）：用于笼型异步电动机的启动和停止； 四类（AC4）：用于笼型异步电动机的启动、反接制动、反转和点动

2. 外形、符号

几种交流接触器的外形如图 3-17 所示。

图 3-17 几种交流接触器的外形

交流接触器的图形符号和文字符号如图 3-18 所示。

图 3-18 交流接触器的图形符号和文字符号

3. 型号含义

交流接触器的型号含义如下：

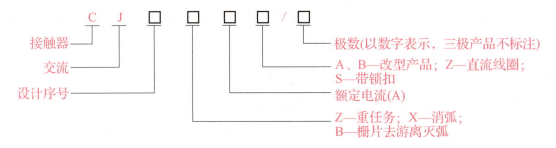

4. 结构、工作原理

交流接触器的结构如图3-19所示。

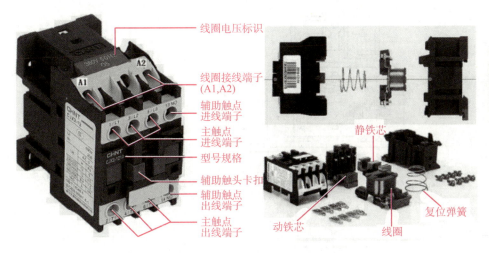
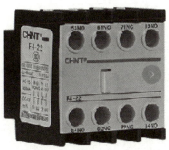

图 3-19　交流接触器的结构

交流接触器主要由电磁系统、触头系统、灭弧装置和辅助部件等组成。

（1）电磁系统。电磁系统主要由线圈、静铁心和动铁心（衔铁）三部分组成。静铁心在下、动铁心在上，线圈装在静铁心上。铁心是交流接触器发热的主要部件，静、动铁心一用E形硅钢片叠压而成，以减少铁心的磁滞和涡流损耗，避免铁心过热。

（2）触头系统。交流接触器的触头按通断能力可分为主触头和辅助触头。主触头用以通断电流较大的主电路，一般由三对常开触头组成。辅助触头用以通断电流较小的控制电路，一般由两对常开触头和两对常闭触头组成。

（3）灭弧装置。交流接触器电流电时，动、静触头之间产生很强的电弧。电弧是触头间气体在强电场作用下产生的放电现象，它一方面会灼伤触头，减少触头的使用寿命；另一方面会使电路切断时间延长，甚至造成弧光短路或引起火灾事故。

（4）辅助部件。交流接触器的辅助部件有反作用弹簧、缓冲弹簧、触头压力弹簧、传动机构及底座、接线柱等。

交流接触器的结构示意如图3-20所示。

工作原理：当接触器的线圈通电后，线圈中流过的电流产生磁场，对衔铁产生足够大的吸力，克服弹簧的反作用力，将衔铁吸合，两对动断触点先断开，三对主触点和两对动合触点后闭合。当接触器线圈断电或电压显著下降时，由于电磁吸力消失或过小，衔铁在弹簧的作用下释放，三对主触点和两对动合触点先断开，两对动断触点后闭合。各触点恢复到原始状态。

交流接触器在85%～105%的额定电压下，能保证可靠地吸合。当线圈电压过高时，由于磁路趋于饱和，线圈电流会显著增大；当线圈电压过低时，电磁吸力不足衔铁吸合不上，线圈电流会达到额定电流的十几倍，因此，线圈电压过高或过低都会造成接触器的线圈过热而烧毁。

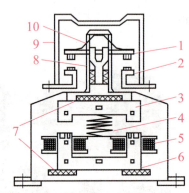

图 3-20 交流接触器的结构示意

1—动触点；2—静触点；3—衔铁；4—弹簧；5—线圈；6—铁芯；
7—垫毡；8—触点弹簧；9—灭弧罩；10—触点压力弹簧。

当交流接触器线圈电压低于额定电压的85%时，由于电磁吸力不足，小于反作用衔铁将使动、静铁芯自动分开，使其主触点断开，从而切断电动机主电路，使电动机等电气设备自动断电。因此，使用交流接触器控制电动机等电气设备时，控制电路就具有欠电压、失电压保护功能。

5. 选用方法

（1）接触器主触点的额定电压应不小于主触点所在线路的额定电压，主触点的额定电流应不小于主触点所在线路的额定电流。

（2）交流接触器线圈电压有 36 V、110 V、220 V、380 V 等规格。从人身安全的角度考虑，线圈电压可选择低一些，但当控制电路简单时，为了节省变压器，可选用与电源电压相配套的线圈电压。

（3）交流接触器的触点数量应满足辅助电路的要求，触点类型应满足辅助电路的功能要求。

6. 安装接线

交流接触器一般应安装在垂直面上，倾斜度不得超过 50°；若有散热孔，则应将有孔的一面放在垂直方向上，以利于散热。

任务 4 引风机控制电路的设计与安装

学习目标

1. 掌握绘制和识读电路图、布置图、接线图的原则与要求。
2. 会绘制、识读点动正转控制电路、接触器自锁正转控制电路的电路图、接线图和布置图。
3. 会分析点动正转控制电路、接触器自锁正转控制电路的工作原理。
4. 熟悉板前明线布线工艺规范标准。
5. 熟悉电气控制电路故障维修的一般步骤和方法。
6. 会安装、调试、运行引风机控制电路。
7. 培养学生的安全文明生产意识、质量意识和团队协作精神。

任务描述

以小组为单位，工作负责人通过现场调查和阅读引风机使用说明书，了解技术信息：主要技术参数和控制要求。按控制要求设计控制电路，对已安装完成的引风机，用电缆从动力配电箱引出电源，通过控制电路将电源引入引风机，要求能够远距离控制引风机的连续运转与停止，在安装完成后，进行检验和通电试车，合格后交付使用。整个学习过程要求团队协作、主动探究、严谨细致、精益求精。

任务知识库

一、点动正转控制电路

按下按钮电动机就得电运转，松开按钮电动机就失电停转的控制方法，称为点动控制。
三相异步电动机点动正转控制电路如图 3-21 所示。
它是用按钮、接触器来控制电动机运行的最简单的正转控制电路。
点动正转控制电路的工作原理如下。
（1）合上电源开关 QF。

（2）启动：按下按钮 SB→KM 线圈得电→KM 动合主触点闭合→电动机 M 运转。

（3）停止：松开按钮 SB→KM 线圈失电→KM 动合主触点分断→电动机 M 停转。

（4）停止使用时，断开电源开关 QF。

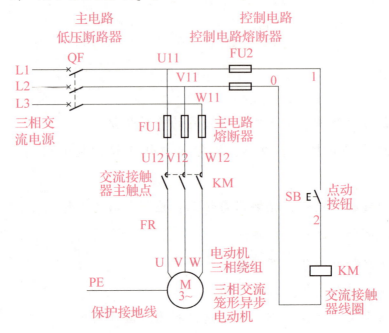

图 3-21　三相异步电动机最基本的点动正转控制电路

二、自锁正转控制电路

具有过载保护的接触器自锁正转控制电路如图 3-22 所示。

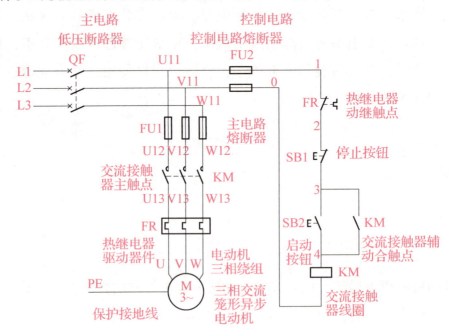

图 3-22　具有过载保护的接触器自锁正转控制电路

其工作原理如下。

（1）合上电源开关 QF。

（2）启动：按下 SB2→KM 线圈得电 ┬→ KM 主触点闭合 ┐→电动机 M 运转。
　　　　　　　　　　　　　　　　└→ KM 辅助动合触点闭合 ┘

（3）松开 SB2，其动合触点恢复分断后，因为接触器的辅助动合触点闭合使控制电路仍保持接通状态，所以接触器继续通电，电动机作持续运转。像这种当松开按钮 SB2 后，接触器 KM 通过自身辅助动合触点而使线圈保持得电的作用叫自锁。与按钮 SB2 并联起自锁作用的辅助动合触点叫自锁触点。

（4）停止：按下 SB1→KM 线圈失电 ┬→ KM 主触点分断 ┐→电动机 M 停转。
　　　　　　　　　　　　　　　　└→ KM 自锁触点分断 ┘

（5）当松开 SB1，其动断触点恢复闭合后，因接触器 KM 的自锁触点在按下 SB1 切断控制电路时已分断，解除自锁，SB2 也是分断的，所以接触器不能得电，电动机 M 也不会转动。要使电动机重新转动，只有进行第二次启动。

接触器自锁正转控制电路不但能使电动机连续运转，而且具有欠压和失压（或零压）保护作用。

1）欠压保护

欠压保护是指当电源线路电压下降到某一数值时，电动机能自动断电停转，避免电动机在欠电压下运行的一种保护。

当电源线路电压下降到一定值时，接触器线圈两端的电压也同样下降到此值，使接触器线圈磁通减弱，产生的电磁吸力减小。当电磁吸力减小到小于反作用弹簧的弹力时，动铁芯被迫释放，主触点和自锁触点都分断，自动切断主电路和控制线路，电动机断电停转，起到了欠压保护的作用。

2）失压（或零压）保护

失压保护是指电动机在正常运行中突然断电，能自动切断电动机电源；当电源恢复正常时，保证电动机不能自行启动的一种保护。接触器自锁触点和主触点在电源断电时已经分断，使控制电路和主电路都不能接通，所以当电源恢复正常时，电动机就不会启动运转，从而保障了人身和生产设备的安全。

三、绘制、识读电路图、布置图、接线图的原则与要求

1. 电路图

电路图是指用国家统一规定的电气图形符号和文字符号表示电路中各个电器元件的连接关系和电气工作原理的一种简图，如图 3-22 为具有过载保护的接触器自锁正转控制电路的电路图。

绘制、识读电路图的原则与要求如下。

（1）电路图可分为主电路和辅助电路两部分。

①电源电路一般画成水平线，三相交流电源相序 L1、L2、L3 自上而下依次画出，若有中线 N 和保护地线 PE，则应依次画在相线之下。直流电源的"＋"端在上、"－"端在下画出。电源开关要水平画出。

②主电路是受电动力设备（电动机）及控制保护电器的支路，应垂直于电源线画在电路图的左侧，是电源向负载提供电能的电路，由电源开关、主熔断器、接触器的主触点、热继电器的驱动器件以及电动机组成，如图 3-22 所示。

③辅助电路一般包括控制电路、指示电路、照明电路等，并按照控制电路、指示电路和照明电路的顺序，依次垂直画在主电路的右侧，并且耗能元件（如接触器线圈）要画在电路图的下方，与下边电源线相连，而电器的触点要画在耗能元件与上边电源线之间，如图 3-22 所示（本辅助电路只有控制电路部分）。

（2）电路图中，电器元件采用国家统一规定的电气图形符号表示。同一电器的各元件不按它们的实际位置画在一起，而是按其在电路中所起的作用分别画在不同的电路中，但它们的动作是相互关联的，必须用同一文字符号标注（如图 3-22 中，交流接触器的主触点画在主电路中，而交流接触器的线圈和动合触点画在控制电路中，但用同一文字符号 KM 标注。热继电器的驱动器件画在主电路中，而热继电器的动断触点画在控制电路中，但用同一文字符号 FR 标注）。

（3）各电器的触点位置都按电路未通电或电器未受外力作用时的位置画出。

（4）对电路中的几个电器只有通过导线相互连接的点用字母或数字编号（接点编号）。

①主电路在电源开关的出线端按相序依次编号为 U11、V11、W11，然后按从上至下的顺序，每经过一个电器元件，编号要递增，如图 3-22 所示。

②控制电路按从上至下、从左至右的顺序，用数字依次编号，每经过一个电器元件，编号要依次递增，如图 3-22 所示。

2. 布置图

布置图是根据电器元件在控制板上的实际安装位置，采用简化的外形符号（如矩形、圆形等）绘制的一种简图。用于电器元件的布置和安装。具有过载保护的自锁正转控制电路电器元件的布置图如图 3-23 所示。

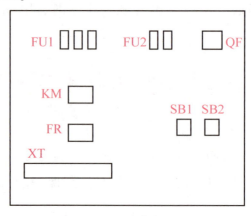

图 3-23 元件布置图

绘制、识读布置图的原则与要求如下。

（1）布置图中各电器的文字符号，必须与电路图和接线图的标注一致。

（2）体积较大和较重的电器一般装在控制板（箱）的下方。

（3）熔断器一般装在上方，有发热元件的电器也应装在上方或装在易于散热的位置，并注意使感温元件和发热元件隔开。热继电器一般装在交流接触器的下方。

（4）电器元件布置时从安全（操作和维修安全、电器元件安全）、方便（操作、安装接线、线路的检查维修和故障排除方便）、元件性能、间距大小等因素考虑。例如，电源隔离开关在控制板的右上方，按钮在电源隔离开关下方，控制电路熔断器在主电路熔断器的右面，主电路布线在左面，控制主电路布线在右面。

3. 接线图

接线图是根据电气设备和电器元件的实际位置和安装情况绘制的，它用来表示电气设备和电器元件的位置、配线方式和接线方式。用于安装接线、检查维修和故障处理。根据表达对象和用途不同，可分为单元接线图、互连接线图和端子接线图等。

绘制、识读接线图的原则与要求如下。

（1）各电器元件必须使用与电路图相同的图形符号和文字符号绘制。同一电器的各部分必须画在一起，并用点画线框上，其图形符号、文字符号和接线端子的编号必须与电路图相一致。

（2）不在同一控制柜、控制屏等控制单元上的电器元件之间的电气连接必须通过端子排。

（3）接线图中走线方向相同的导线可以合并，用线束来表示，连接导线应注明导线的规格（数量、截面积等），若采用线管走线，需留有一定数量的备用导线，还应注明线管的尺寸和材料。

我们要重视画接线图（安装接线、线路的检查维修和故障排除既快又正确），在画接线图时，可以适当调整电器元件位置，使布线更合理些。

四、板前明布线工艺要求

（1）走线通道尽可能少，同一通道中的导线按主、控电路分类集中，单层平行密排，并紧贴安装面。

（2）同一平面的导线应高低一致或前后一致，导线不能互压交叉。非交叉不可时，该根导线应在接线端子引出时，水平架空跨越，但空中线不能太长。

（3）布线应横平竖直，变换走向时应垂直，但不能把导线做成"死直角"（应该有个弧，其弧长为线芯直径的 3~4 倍），严禁损伤线芯和导线绝缘。

（4）布线顺序一般为先控电路，后主电路，以接触器为中心，由里向外，由低到高进行布线。

（5）导线与接线端子或接线桩连接时，不得压绝缘层、不反圈，露线芯不能超过 2 mm。

（6）从一个接线端子到另一个接线端子的导线必须连续，中间无接头。

（7）在每根剥去绝缘层导线的两端套上编码管（如果线路简单可不套上编码管），编码与原理图接点编号一致。

（8）一个电器元件接线端子上的连接导线不得超过两根，每节接线端子排上的连接导线一般只允许连接一根。

五、电路故障检测方法

1. 电阻测量法

测量检查时，首先把万用表的转换开关置于倍率适当的电阻挡位上（一般选 2 kΩ 以上的挡位），然后按图 3-24 所示的方法进行测量。

下面以具有过载保护的接触器自锁正转控制电路中"按下启动按钮 SB2 时，接触器 KM 不能吸合"的故障为例介绍电阻测量法。

检测时，首先切断电路的电源，用万用表依次测量出 1-2、1-3、0-4 各两点间的电阻值。根据测量结果即可找出故障点，见表 3-5。

在松开按钮 SB2 的条件下，先用万用表测量 1-2 两点之间的电阻值，若电阻值为∞，说明热继电器动断触点接触不良或接线松脱；若电阻值为 0，说明热继电器动断触点正常。

然后测 1-3 两点之间的电阻值，若电阻值为∞，说明 SB1 动断触点接触不良或接线松脱；若电阻值为 0，说明 SB1 动断触点正常。

其次测 0-4 两点之间的电阻值，若电阻值为∞，则说明接触器 KM 线圈断路或接线松脱；若电阻值为 R，说明 KM 线圈正常，SB2 动合触点接触不良或接线松脱。

根据测量结果即可找出故障点，见表 3-6。

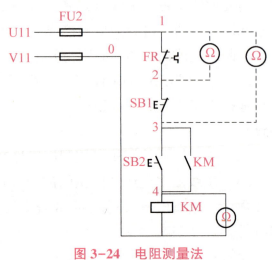

图 3-24　电阻测量法

表 3-6　测量电阻的结果

故障现象	测试状态	电阻			故障点	备注
		1-2	1-3	0-4		
按下启动按钮 SB2，接触器 KM 不能吸合	松开 SB2	∞	—	—	FR 动断触点接触不良或接线松脱	以启动按钮 SB2 为界把控制电路分为 1-3 和 0-4 两段进行测量
		0	∞	—	SB1 动断触点接触不良或接线松脱	
		0	0	∞	接触器 KM 线圈断路或接线松脱	
		0	0	R	SB2 动合触点接触不良或接线松脱	

2. 电压测量法

用电压测量法检查时，首先把万用表的转换开关置于交流电压 750 V 的挡位上，然后按图 3-25 所示的方法进行测量。

下面以具有过载保护的接触器自锁正转控制电路中"按下启动按钮 SB2 时，接触器 KM 不能吸合"的故障为例介绍电压测量法。

检测时，在松开按钮 SB2 的条件下，先用万用表测量 0-1 两点之间的电压，若电压值为 380 V，则说明控制电路的电源电压正常。然后把其中一表笔接到 0 点上不动，另一表笔依次接到 2、3 各点上，分别测量 0-2、0-3 两点间的电压，若电压均为 380 V，再把两表笔分别接到 1 点和 4 点上，测量出 1-4 两点间的电压。根据测量结果即可找出故障点，见表 3-7。表中符号"—"表示不需再测量。

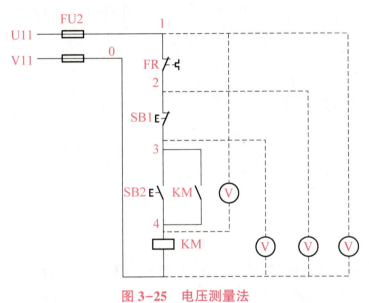

图 3-25　电压测量法

表 3-7　测量电压的结果

故障现象	测试状态	电压/V			故障点	备注
		0-2	0-3	1-4		
按下启动按钮 SB2，接触器 KM 不能吸合	松开 SB2	0	—	—	FR 动断触点接触不良或接线松脱	以启动按钮 SB2 为界把控制电路分为 1-3 和 0-4 两段进行测量
		380	0	—	SB1 动断触点接触不良或接线松脱	
		380	380	0	接触器 KM 线圈断路或接线松脱	
		380	380	380	SB2 动合触点接触不良或接线松脱	

六、点动与连续混合正转控制电路

机床设备在正常工作时，一般需要电动机处在连续运转状态。但在试车或调整刀具与工件的相对位置时，又需要电动机能点动控制，实现这种工艺要求的线路是点动与连续混合正转控制电路，如图 3-26 所示。

图 3-26（a）所示电路是在具有过载保护的接触器自锁正转控制电路的基础上，把手动开关 SA 串接在自锁电路中得到的。当把 SA 闭合或断开时，就可实现电动机的连续或点动控制。

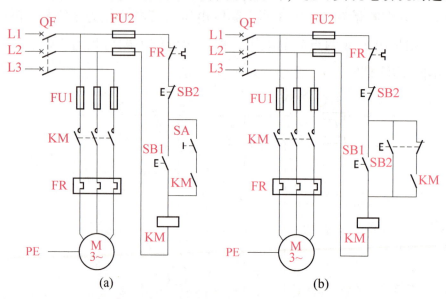

图 3-26　点动与连续混合正转控制电路

图 3-26（b）所示电路是在启动按钮 SB1 的两端并联一个组合按钮 SB3 来实现连续与点动混合正转控制的，SB3 的动断触点应与 KM 自锁触点串联。电路的工作原理如下。

（1）先合上电源开关 QF。

（2）连续控制。

①启动：按下 SB1→KM 线圈得电 ┬→ KM 主触点闭合 ┐
　　　　　　　　　　　　　　　　└→ KM 自锁触点闭合 ┴→ 电动机 M 连续运转。

②停止：按下 SB2→KM 线圈失电 ┬→ KM 主触点分断 ┐
　　　　　　　　　　　　　　　　└→ KM 自锁触点分断 ┴→ 电动机 M 停转。

（3）点动控制。

①启动：按下 SB3 ┬→ SB3 动断触点先分断切断自锁电路
　　　　　　　　　└→ SB3 动合触点后闭合→KM 线圈得电 ┬→ KM 自锁触点闭合
　　　　　　　　　　　　　　　　　　　　　　　　　　　└→ KM 主触点闭合→电动机 M 运转。

②停止：松开 SB3 ┬→ SB3 动合触点先恢复分断→KM 线圈失电 ┬→ KM 自锁触点分断
　　　　　　　　　│　　　　　　　　　　　　　　　　　　　└→ KM 主触点分断→电动机 M 停转
　　　　　　　　　└→ SB3 动断触点后恢复闭合（此时 KM 自锁触点已分断）。

项目四

换气扇控制电路的设计与安装——接触器联锁正反转控制电路的设计与安装

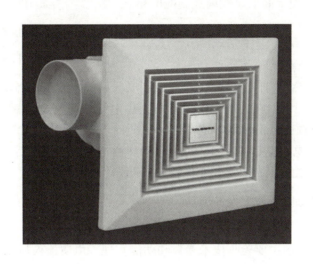

知识树

接触器联锁正反转控制电路的设计与安装 ⎧ 电动机换向的方法
⎨ 接触器联锁正反转控制电路
⎩ 接触器、按钮双重联锁正反转控制电路

项目目标

1. 掌握电动机接触器联锁正反转控制电路的工作原理，了解其在工程技术中的典型应用。
2. 培养绘制和识读换气扇控制电路电路图的能力。
3. 培养安装、调试、运行和维修换气扇控制电路的职业技能。
4. 熟悉行线槽配线的安装步骤和工艺规范。
5. 培养学生严谨的学习态度、精益求精的工匠精神。
6. 培养学生的安全意识、质量意识和团队协作意识，养成热爱劳动的习惯。

项目描述

在现代大型商场、学生餐厅等地方，往往由于人员密集、空间封闭等因素造成空气流通不畅。为做到以人为本，给顾客营造更好的购物、休闲和娱乐环境，某商场请我们在各层为其安装换气扇，要求具有短路、过载保护功能，并能实现进气和排气。希望同学们通过本次学习完成任务，工作任务单见表4-1。

表4-1　工作任务单

工作任务	安装商场换气扇控制配电箱	派工日期	年　月　日
乙方项目经理		完成日期	年　月　日
签收人		签收日期	年　月　日
工作内容	1. 安装换气扇控制电路，实现控制换气扇的连续正转与反转。 2. 根据已安装就位的换气扇设备，用电缆从车间动力配电箱引出电源，通过控制配电箱将电源引入换气扇。 3. 控制电路安装完成后，进行检验和通电试车，合格后交付该车间使用。 4. 将相关技术资料交付车间档案室归档保存		
申领器材	该项由电气安装工程师填写： 器材申领人：		
任务验收	填写设备的主要验收技术参数和功能实现，由质检人员填写： 质检人员：		
车间负责人评价	负责人签字：		

项目分析

要实现换气扇进气和排气的转换，必须改变拖动其运动部件的电动机的转向，本项目需要设计电动机正反转控制电路，为确保设备长期稳定运行，该电路还需拥有短路和过载保护。

任务知识库

在现代生产实践中，电动机的正反转控制电路应用越来越广泛，许多生产机械往往要求运动部件能向正反两个方向运动，如起重机吊钩的上升和下降、电梯的上行和下行、自动大门的打开与闭合、工作台的前进与后退等，这就要求拖动这些运动部件的电动机既能连续正转又能连续反转。

1. 电动机换向的方法

在电力拖动控制系统中，把接入电动机三相电源线中的任意两相对调，改变输入电动机的三相电源相序，就可改变电动机的旋转方向，正反转控制电路正是根据这个原理设计的。

简单的正反转控制电路是应用倒顺开关来控制的，其电路图如图 4-1 所示，实物图如图 4-2 所示。

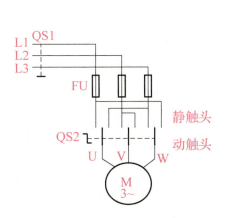

图 4-1 倒顺开关的电路图

图 4-2 倒顺开关的实物图

但倒顺开关控制正反转只适用电动机容量小、正反转不甚频繁的场合。

常见的是应用接触器联锁控制电路控制电动机正反转。主电路中，两交流接触器改变输入电动机绕组的三相电源相序的示意图如图 4-3 所示。

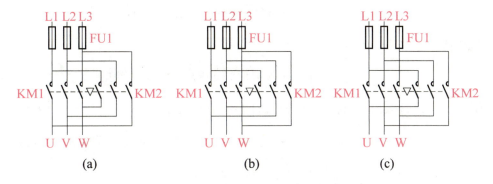

图 4-3 改变输入电动机绕组的三相电源相序

2. 接触器联锁正反转控制电路

接触器联锁正反转控制电路的电路图如图 4-4 所示。

为了避免 KM1 和 KM2 的主触点同时闭合造成电源两相（L1 相和 L3 相）短路，在正、反转控制电路中分别串联了对方接触器的一对辅助动断触点，这样，当一个接触器得电时，其辅助动断触点先断开，使另一个接触器不能得电，接触器间这种相互制约的作用叫接触器联锁（或互锁）。实现联锁作用的辅助动断触点称为联锁触点（或互锁触点），联锁符号用"▽"表示。

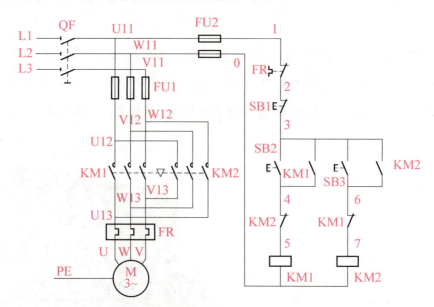

图 4-4 接触器联锁正反转控制电路的电路图

1) 线路的工作原理

(1) 先合上电源开关 QF。

(2) 正转控制：

(3) 反转控制：

(4) 停止：

按下 SB1→控制电路失电→KM1（或 KM2）主触点分断→电动机 M 失电停转。

2) 元器件布置图

在配电板上，按工艺要求布置元器件时，可参考图 4-5，鼓励创新更合理的布置方案。

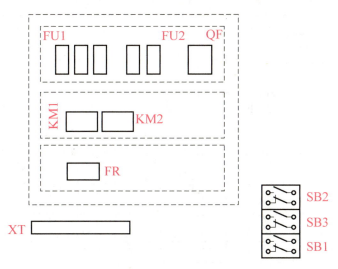

图 4-5 元件布置图

3）板前走线槽布线的工艺要求

（1）所有导线线头上都应套有与原理图上相应接点编号一致的号码管。

（2）在导线端头穿上与导线截面积及元件接线端子形式相配套的针形或 U 形接线端子，并压紧。一般一个接线端子只能压接一根导线端头。导线端头与接线端子压接时，不压导线绝缘层，露线芯不能超过 2 mm。

（3）一个电器元件接线端子上的连接导线不得超过两根，元件接线端子与导线上的接线端子连接必须牢固。

（4）各电器元件接线端子引出导线的走向，以元件的水平中心线为界线，在水平中心线以上接线端子引出的导线，必须进入元件上面的走线槽；在水平中心线以下接线端子引出的导线，必须进入元件下面的走线槽。同一个电器元件同一侧的两个接线端子间距很小时可架空连接，导线不必经过走线槽。

（5）进入走线槽内的导线要完全置于走线槽内，及时梳理导线，尽可能避免缠绕交叉，线槽内的导线不得有接头，装线不超过线槽容量的 70%。

（6）各电器元件与走线槽之间的外露导线，应走线合理，尽可能把导线做成横平竖直。同一元件上位置一致的端子和同型号电器元件中位置一致的端子上引出或引入的导线要在同一平面上，并应做到高低一致或前后一致，不得交叉。

（7）布线时，严禁损伤线芯和导线绝缘。

4）接线图

可参照图 4-6 接线，也可根据电路图采用更适合自己、更方便的方法接线。

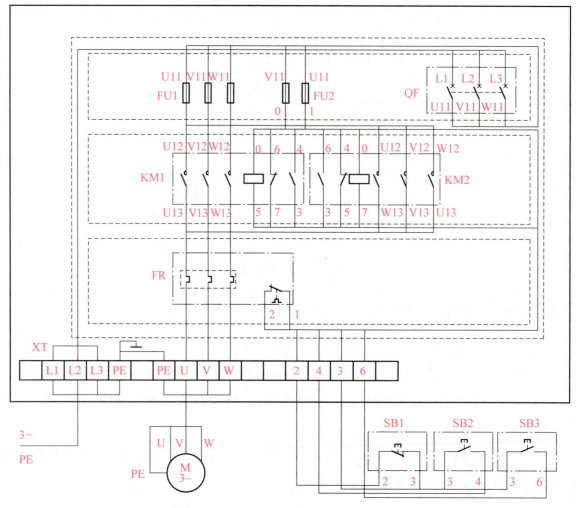

图 4-6 接线图

3. 接触器、按钮双重联锁正反转控制电路

如果把正转按钮 SB1 和反转按钮 SB2 换成两个复合按钮，并把两个复合按钮的常闭触头也串接在对方的控制电路中，构成如图 4-7 所示的接触器和按钮双重联锁正反转控制电路，就能克服接触器联锁正反转控制电路操作不便的缺点，使线路操作方便，工作安全可靠。

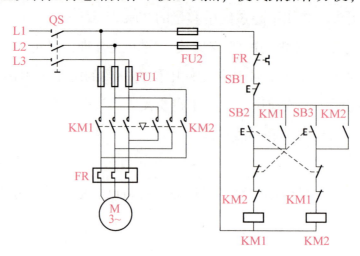

图 4-7 接触器和按钮双重联锁正反转控制电路

项目五

小车自动往返控制电路的设计与安装——自动往返正反转控制电路的设计与安装

知识树

自动往返正反转控制电路的设计与安装
- 任务1 认识位置开关和接近开关
  - 位置开关
  - 接近开关
- 任务2 小车自动往返控制电路的设计与安装
  - 自动往返正反转控制电路
  - 电路工作原理
  - 安装与检修小提示

项目目标

1. 熟悉位置开关的结构，掌握其工作原理。
2. 学会识别、检测、选用常用的位置开关。
3. 会画电动机自动往返控制电路的电路图，掌握其工作原理。
4. 培养识读和绘制电路图的职业素养。
5. 掌握正确安装和检测电路的职业技能。
6. 培养学生的安全文明生产意识、质量意识和团队协作精神。

项目描述

现代工厂中的许多生产设备，要求在一定的行程内能自动往返运动，以便完成自动生产或加工任务，提高效率。这就需要控制电路能对电动机实现自动转换正反转控制。现有预制件生产车间需要用小车自动运送沙、土、水泥等，约定我们为其安装一小车自动往返控制电路，要求布线美观，确保用电安全，具有短路和过载保护。

希望同学们通过学习完成安装任务，工作任务单见表 5-1。

表 5-1 工作任务单

工作任务	安装小车自动往返控制配电箱	派工日期	年 月 日
乙方项目经理		完成日期	年 月 日
签收人		签收日期	年 月 日
工作内容	1. 安装小车自动往返控制配电箱，能够远距离控制小车的自动往返与停止。 2. 根据已安装就位的小车设备，用电缆从车间动力配电箱引出电源，通过控制配电箱将电源引入小车电路板。 3. 控制配电箱安装完成后，进行检验和通电试车，合格后交付该车间使用。 4. 将相关技术资料交付车间档案室归档保存。		
申领器材	该项由电气安装工程师填写： 器材申领人：		
任务验收	填写设备的主要验收技术参数和功能实现，由质检人员填写： 质检人员：		
车间负责人评价	 负责人签字：		

项目分析

该车间小车自动往返运料控制系统可由电动机、电源和控制柜等构成，利用位置开关的限位实现运料小车的自动往返。当小车向前运行到达预定位置时，碰撞 SQ1 使其动作，小车停止或会自动返回原处；在回到原处碰撞位置开关 SQ2 时，SQ2 动作，小车又会自动向前运动到达预定位置，这样小车就可以实现周而复始地运料。为确保设备和人身安全，要具有短路、过载、失压与欠压保护以及漏电保护措施，其小车自动往返示意如图 5-1 所示。

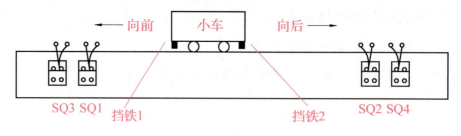

图 5-1 小车自动往返示意

项目五　小车自动往返控制电路的设计与安装——自动往返正反转控制电路的设计与安装

任务1　认识位置开关和接近开关

学习目标

1. 了解位置开关的结构、功能。
2. 掌握位置开关的动作原理。
3. 熟记位置开关的图形符号、文字符号。
4. 能正确选用位置开关及安装接线。
5. 培养学生的安全文明生产意识、质量意识和团队协作精神。

任务描述

本任务以小组为单位，仔细观察多种位置开关，收集相关资料，熟悉元器件的参数及标识的含义，利用万用表分别检测各触点在闭合、分断时的通断情况，并做好记录。拆开位置开关，观察其内部结构，探究其动作原理，完成后将位置开关组装好，然后归位。整个过程要求团队协作、主动探究、严谨细致、精益求精。

任务知识库

一、位置开关

在工厂电气控制设备中常称位置开关为行程开关、限位开关，它也是主令电器的一种，其作用与按钮基本相同，区别在于它不是手动开关，而是依靠生产机械运动部件的挡铁碰撞而使其触点动作。如图5-2所示为常见的几种位置开关。

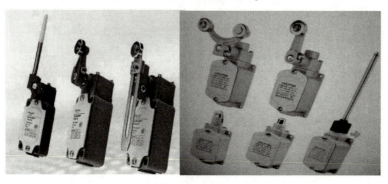

图5-2　常见的几种位置开关

1. 功能、分类

1）功能

位置开关是一种利用生产机械某些运动部件的碰撞来发出控制指令的主令电器，主要用于控制生产机械的运动方向、速度、行程大小或位置，是一种自动控制电器。它能将机械信号转变为电信号，使运动机械按一定的位置或行程实现自动停止、反向运动、变速运动或自动往返运动等。

2）分类

位置开关按结构可分为直动式、滚轮式、微动式和组合式，如表5-2所示。

表 5-2　位置开关分类

类型	特点
直动式	其动作原理同按钮类似，所不同的是：一个是手动，另一个则由运动部件的撞块碰撞位置开关。外界运动部件上的撞块碰压按钮使其触点动作，当运动部件离开后，在弹簧作用下，其触点自动复位
滚轮式	滚轮式位置开关又分为单滚轮自动复位和双滚轮（羊角式）非自动复位式。 单滚轮自动复位式位置开关在运动机械的挡铁（撞块）压到位置开关的滚轮上时，传动滚轮式杠杆连同转轴一同转动，使凸轮推动撞块，当撞块碰压到一定位置时，推动微动开关快速立置开关动作。当滚轮上的挡铁移开后，复位弹簧就使位置开关复位。 双滚轮非自动复位式位置开关在运动机械的挡铁（撞块）碰到位置开关时，推动微动开关动作，不能自动复原，因而它具有两个稳定位置，具有"记忆"作用，当依靠运动机械反向移动时，挡铁碰撞另一滚轮将其复原
微动式	和滚轮式以及直动式位置开关相比，微动式位置开关的动作行程小，定位精度高，常触点容量也较小
组合式	具有重复定位精度较高、防护等级高、寿命长、动作可靠等特点，特别适用于精度准确的场合，广泛应用于各类数控机床、组合机床，各种动力、液压滑台及自动线等机械设备的电气控制系统中

2. 型号

位置开关的型号含义如下：

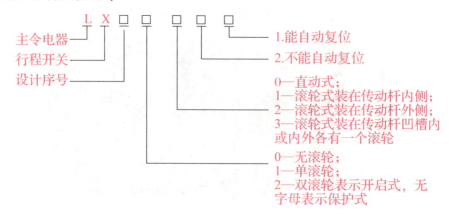

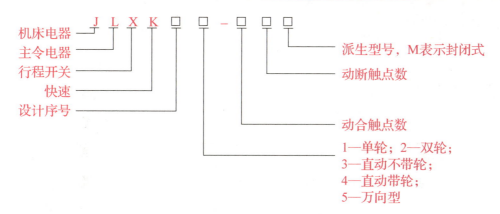

3. 结构与动作原理及符号

各系列位置开关的外形不尽相同，但它们的基本结构大体相同，都是由操作机构、触点系统外壳组成。在某种位置开关元件的基础上，装置不同的操作机构，就可得到各种不同形式的位置开关。JLXK1系列位置开关结构如图5-3所示。

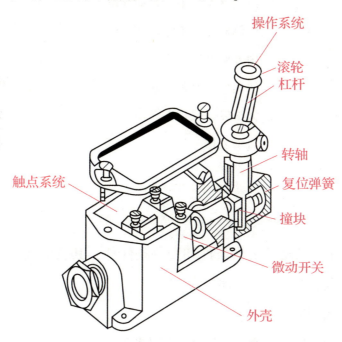

图5-3　JLXK1系列位置开关结构

位置开关的图形符号及文字符号如图5-4所示。

图5-4　位置开关的图形符号及文字符号

位置开关的动作原理：当运动部件的挡铁碰压JLXK1系列位置开关时，位置开关的滚杠杆连同转轴一起转动，使凸轮推动撞块；当撞块被压到一定位置时，推动微动开关快速使其动断触点断开，动合触点闭合；位置开关的触点类型有一动合一动断、一动合二动断、二动合一动断、二动合二动断。

4. 技术参数

位置开关的技术参数如表 5-3 所示。

表 5-3 位置开关的技术参数

型号	额定电压/额定电流	结构特点	触点对数 动合	触点对数 动断
LX19K	380 V/5 A	元件	1	1
LX19-111		内侧单轮，自动复位	1	1
LX19-121		外侧单轮，自动复位	1	1
LX19-131		内外侧单轮，自动复位	1	1
LX19-212		内侧双轮，不能自动复位	1	1
LX19-222		外侧双轮，不能自动复位	1	1
LX19-232		内外侧双轮，不能自动复位	1	1
JLXK1		快速位置开关（瞬动）		
LX19-001		无滚轮，仅径向转动杆	1	1
LXW1-11		自动复位		
LXW2-11		微动开关	1	1

5. 位置开关的选用

选用位置开关时，除应满足其工作条件和安装条件外，其主要技术参数的选用方法如下：

（1）根据使用场合及控制对象选用种类；

（2）根据安装环境选用防护形式；

（3）根据控制电路的额定电压和额定电流选用系列；

（4）根据机械与位置开关的传动与位移关系选用合适的操作头形式。

二、接近开关

位置开关是有触点开关，在操作频繁时易产生故障，工作可靠性较低。图 5-5 是几种接近开关，又称无触点位置开关，是一种与运动部件无机械接触而能操作的位置开关。也可以称它是开关型位置传感器，既有位置开关、微动开关的特性，同时又具有传感性能，且动作可靠、性能稳定、频率响应快、使用寿命长、抗干扰能力强，并具有防水、防振、耐腐蚀等特点、目前应用范围越来越广泛。常见的接近开关有光纤传感器、电感式传感器、电容式传感器、磁性开关、光电传感器等。

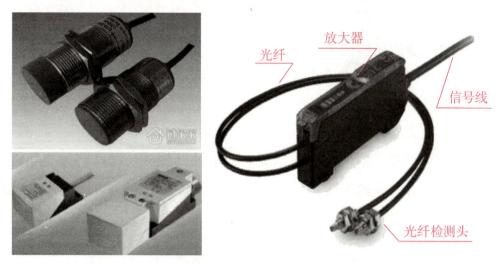

图 5-5　接近开关

1. 光纤传感器（见图 5-6）

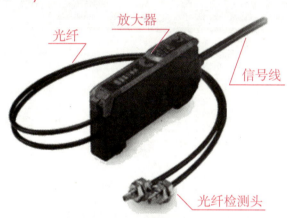

图 5-6　光纤传感器

光纤传感器也是一种光电传感器，其组件图形如图 5-7 所示，光纤传感器由光纤检测头、光纤放大器两部分组成，光纤放大器和光纤检测头是分离的两个部分，光纤检测头的尾端部分分成两条光纤，使用时分别插入放大器的两个光纤孔。光纤传感器组件及光纤放大器的安装示意如图 5-7 所示。

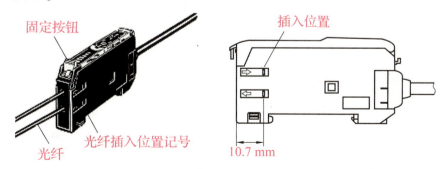

图 5-7　光纤传感器组件及光纤放大器的安装示意

光纤传感器也是光电传感器的一种。光纤传感器具有抗电磁干扰、可工作于恶劣环境、传输距离远、使用寿命长等优点。此外，由于光纤头具有较小的体积，所以可以安装在空间很小的地方。

光纤传感器的放大器的灵敏度调节范围较大。当光纤传感器灵敏度调得较小时，反射性较差的黑色物体，光电探测器无法接收到反射信号；而反射性较好的白色物体，光电探测器就可以接收到反射信号。反之，若调高光纤传感器灵敏度，则即使对反射性较差的黑色物体，光纤检测头也可以接收到反射信号。

图5-8所示为放大器单元的俯视图，调节其中部的8旋转灵敏度高速旋钮就能进行放大器灵敏度调节（顺时针旋转灵敏度增大）。调节时，会看到"入光量显示灯"发光的变化。当检测头检测到物料时，"动作显示灯"会亮，提示检测到物料。

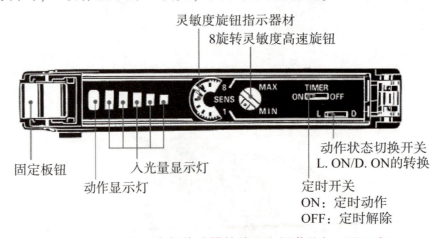

图5-8　E3Z-L光纤传感器的外形和调节旋钮、显示灯

E3X-NA11型光纤传感器的电路图如图5-9所示，接线时请注意根据导线颜色判断电源极性和信号输出线，切勿把信号输出线直接连接到电源+24 V端。

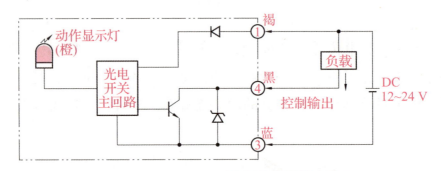

图5-9　E3X-NA11型光纤传感器的电路图

2. 电感式传感器（见图5-10）

电感式传感器由振荡电路、开关电路及放大输出电路组成，利用电涡流效应制造的传感器。当金属物体处于一个交变的磁场中时，在金属内部会产生交变的涡流，该涡流又会反作用于产生它的磁场这样一种物理效应（涡流又会引发反向的感应磁场，振荡电路受到涡流引起的反向磁场从而导致振荡衰减，以至停振）。电感式传感器的原理如图5-11所示，如果这个交变的磁场是由一个电感线圈产生的，则这个电感线圈中的电流就会发生变化，用于平衡涡流产生的磁场，振荡器振荡及停振的变化被后级放大电路处理并转换成开关信号ON/OFF，触发驱动控制器件,从而达到非接触式的检测目的。

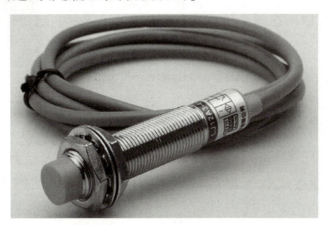

图 5-10 LJ12A 电感式传感器

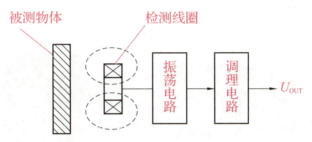

图 5-11 电感式传感器的原理

3. 电容式传感器（见图 5-12）

电容式传感器由高频振荡电路、放大器组成,常用于检测金属、非金属、液位高度、粉状物高度、塑料、烟草等,主要以检测绝缘介质为主。

传感器的检测面与大地构成一个电容器,参与振荡电路工作,起始处于振荡状态。当物体接近传感器检测面时,回路的电容量发生变化,使高频振荡电路振荡。振荡与停振这两种状态转换为电信号经放大器转化成二进制的开关信号。LJC12A 电容式传感器的原理如图 5-13 所示。

图 5-12 LJC12A 电容式传感器

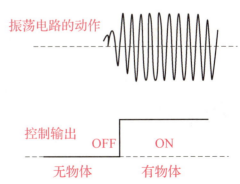

图 5-13 LJC12A 电容式传感器的原理

4. 磁性开关（见图 5-14）

当磁性物质接近传感器时,传感器便会动作,并输出传感器信号。若在气缸的活塞（或活塞杆）上安装上磁性物质，在气缸缸筒外面的两端位置各安装一个磁性开关，就可以用这两个传感器分别标识气缸运动的两个极限位置。当气缸的活塞杆运动到其中一端时，该端的磁性开关就动作并发出电信号。磁性开关是用来检测气缸活塞位置的，即检测活塞的运动行程。用磁性开关来检测活塞的位置，从设计、加工、安装、调试等方面来看，都比使用其他限位开关简单、省时。磁性开关的触点电阻小，一般为50~200 mΩ，吸合功率小，过载能力较差，只适合低压电路。

图5-14 磁性开关

磁性开关可分为有触点式和无触点式两种，它是通过机械触点的动作进行开关的通（ON）断（OFF）。

磁性开关有蓝色和棕色两根引出线，使用时蓝色引出线应连接到PLC输入公共端，棕色引出线应连接到PLC输入端。

5. 光电传感器（见图5-15）

图5-15 光电传感器

光电传感器是通过把光强度的变化转换成电信号的变化来实现检测的，它具有体积小、使用简单、性能稳定、寿命长、响应速度快、抗冲击、耐震动、不受外界干扰等特点。

光电传感器主要用于检测物体的存在和通过灵敏度的调节检测物体的颜色。

光电传感器是一种红外调制型无损检测光电传感器，采用高效果红外发光二极管/光敏三极管作为光电转换元件，工作方式有同轴反射和对射型。

任务2 小车自动往返控制电路的设计与安装

学习目标

1. 学会画自动往返控制电路图并理解其工作原理。
2. 培养绘制和检测位置开关控制自动往返控制电路的职业素养。
3. 培养安装、调试、运行小车自动往返控制电路的职业技能。
4. 培养学生的安全文明生产意识、质量意识和团队协作精神。

项目五 小车自动往返控制电路的设计与安装——自动往返正反转控制电路的设计与安装

任务描述

以小组为单位，工作负责人通过现场调查运料要求、小车起始情况及终端位置，了解技术信息：主要技术参数和控制要求。按控制要求设计控制电路，对已安装完成的小车自动往返控制电路，用电缆从动力配电箱引出电源，通过控制电路将电源引入小车，要求能够远距离控制小车的自动往返与停止，在安装完成后，进行检验和通电试车，合格后交付使用。整个学习过程要求团队协作、主动探究、严谨细致、精益求精。

任务知识库

一、自动往返正反转控制电路

图 5-16 为小车自动往返控制电路的电路图，为使电动机的正反转控制能与小车的前后运动相配合，在控制回路中设置了 4 个位置开关 SQ1、SQ2、SQ3、SQ4，并把它们安装在小车需要限位的位置。其中 SQ1、SQ2 被用来自动换接电动机正反转控制电路，实现小车自动往返的行程控制；而 SQ3、SQ4 被用作终端保护，以防止 SQ1、SQ2 失灵时，小车越过限定位置而发生事故。如图 5-17 所示，小车下面的挡铁 1 只能和位置开关 SQ1、SQ3 相碰撞，挡铁 2 只能和位置开关 SQ2、SQ4 相碰撞。当小车运动到所限定位置时，挡铁碰撞相应的位置开关，使其动作自动换接电动机正反转控制电路，通过机械传动机构使小车自动循环往返运动。小车行程大小可通过移动位置开关实现。

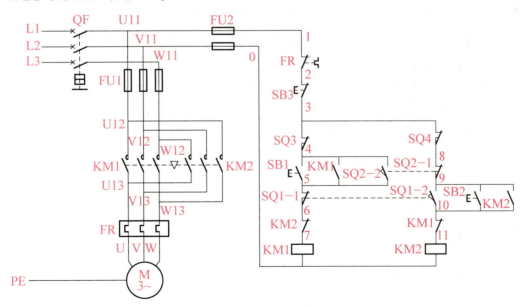

图 5-16 小车自动往返控制电路的电路图

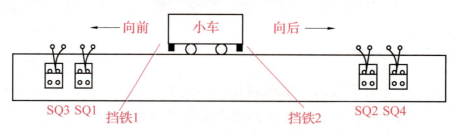

图 5-17 小车运动示意图

二、电路工作原理

自动往返正反转控制电路的工作原理如下。

（1）合上电源开关 QF。

（2）按下 SB2 → KM1 线圈得电 → KM1 联锁触点分断对 KM2 联锁
→ KM1 主触点闭合 → 电动机正转 → 工作台右移 →
→ KM1 自锁触点闭合自锁

至限定位置挡铁1碰SQ1 →

SQ1动断触点先分断 → KM1 线圈失电 → KM1 自锁触点分断解除自锁
→ KM1 主触点分断 → 电动机停止正转，
→ KM1 联锁触点闭合 工作台停止右移 →

SQ1动合触后点闭合 →

KM2 线圈得电 → KM2 联锁触点分断对 KM1 联锁
→ KM2 主触点闭合 → 电动机反转 →
→ KM2 自锁触点闭合自锁

工作台左移（SQ1触点复位）→ 至限定位置挡铁2碰SQ2 →

SQ2动断触点先分断 → KM2 线圈失电 → KM2 自锁触点分断
→ KM2 主触点分断 → 电动机停止反转，
→ KM2 联锁触点闭合 工作台停止左移 →

SQ2动合触点后闭合 →

KM1 线圈得电 → KM1 联锁触点分断对 KM2 联锁
→ KM1 主触点闭合 → 电动机又正转 →
→ KM1 自锁触点闭合自锁

工作台又右移（SQ2触点复位）→ 以后重复上述过程，工作台就在一定行程内自动往返运动。

（3）停止时，按下 SB1 → 整个控制电路失电 → KM1（KM2）主触点分断 → 电动机失电停转 → 工作台停止运动。

这里 SB1、SB2 分别作为正转启动按钮和反转启动按钮，若启动时小车工作台在左端，则按下 SB2 进行启动。

三、安装与检修小提示

1. 布置图

布置时可参照图 5-18，鼓励使用更优化的布置方案。

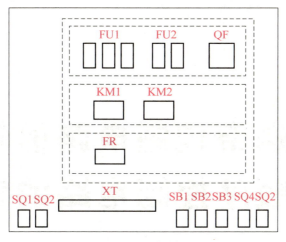

图 5-18 布置图

2. 接线图

接线时可参照图 5-19，此图仅供参考使用，可选用更优化的方案。

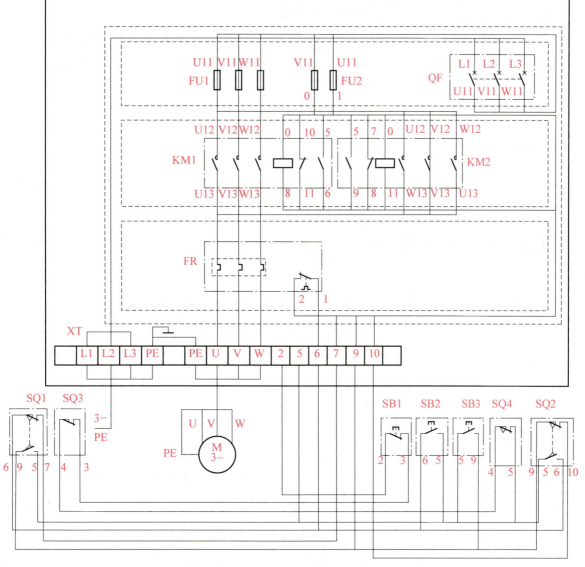

图 5-19 接线图

项目六

两级传送带控制电路的设计与安装
——顺序控制电路的设计与安装

知识树

顺序控制电路的设计与安装 { 任务1 认识中间继电器
任务2 顺序控制电路的设计与安装 { 主电路实现顺序控制
控制电路实现顺序控制

项目目标

1. 熟悉中间继电器的结构，掌握其工作原理、作用、选用方法，熟记图形符号、文字符号。
2. 熟悉并掌握电动机顺序控制电路的功能、特点、工作原理，了解其在工程技术中的典型应用。
3. 会绘制和识读电动机顺序控制电路的电路图、布置图和接线图。
4. 会根据工作任务要求安装、调试和维修电动机顺序控制电路。
5. 培养学生的安全文明生产意识、质量意识和团队协作精神。

项目描述

在机制砂的生产机械中，需要用到多台电动机，而各电动机所起的作用是不同的，有时需按一定的顺序启动或停止，这样才能保证操作过程的合理性、方便性和工作的安全可靠性。例如，图6-1中多级传送带启动时，往往需要最后一级传送带启动后上一级才能启动；而停止时，要求第一级传送带先停止，然后逐级停止，这样才能避免物料在传送带上堆积而造成事故。

图 6-1 机制砂生产线

现有某企业需要如图 6-2 所示的两级传送带安装控制电路,现委托同学们安装,希望同学们通过学习完成安装任务。工作任务单见表 6-1。

表 6-1 工作任务单

工作任务	安装两级传送带控制配电箱	派工日期	年　　月　　日
乙方项目经理		完成日期	年　　月　　日
签收人		签收日期	年　　月　　日
工作内容	1. 安装两级传送带控制配电箱,能够远距离控制传送带的连续运转与停止。 2. 根据已安装就位的两级传送带,用电缆从车间动力配电箱引出电源,通过控制配电箱将电源引入传送带。 3. 控制配电箱安装完成后,进行检验和通电试车,合格后交付该车间使用。 4. 将相关技术资料交付车间档案室归档保存。		
申领器材	该项由电气安装工程师填写: 　　　　　　　　　　　　　　　　　　　　　　器材申领人:		
任务验收	填写设备的主要验收技术参数和功能实现,由质检人员填写: 　　　　　　　　　　　　　　　　　　　　　　质检人员:		
车间负责人评价	负责人签字:		

 项目分析

图 6-2 为两级传送带示意,每级传送带都有一台三相异步交流电动机拖动,传送带必须

按生产要求运行。

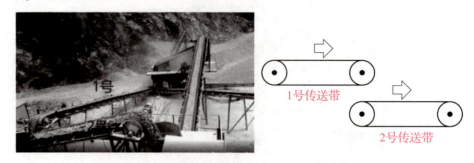

图 6-2　机制砂生产线及 1 号、2 号传送带示意

技术要求：

两级传送带控制系统由两台牵引电动机、电源和控制配电箱等组成，启动传送带时，要求 2 号传送带启动后，才能启动 1 号传送带；停止传送带时，要求 1 号传送带停止后，2 号传送带才能停止。当任何一级传送带电动机过载时，两级传送带应全部停止运行；当传送带电动机、控制电路出现短路故障时，控制系统应能够立即切断传送带电源，起到短路保护作用。同时还应有防止操作人员发生触电事故的安全措施。

由上可知，在设计传送带控制电路时，可用按钮和接触器控制传送带电动机的启动与停止，同时需有短路保护功能和防触电保护措施。

像这种要求几台电动机的启动或停止必须按一定的先后顺序来完成的控制方式，称为电动机的顺序控制。

控制电路的电路图如图 6-3 所示，它是由三相电源 L1、L2、L3，低压断路器 QF，低压熔断器 FU1、FU2，交流接触器 KM，热继电器 FR1、FR2，停止按钮 SB2、SB4 和启动按钮 SB1、SB3，三相交流异步电动机 M 构成。

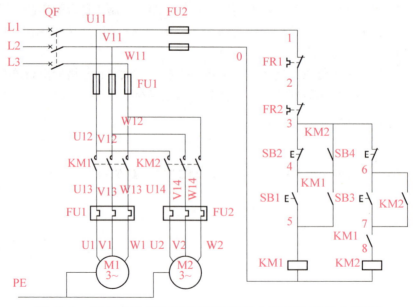

图 6-3　两台电动机顺序启动逆序停止控制电路的电路图

项目六 两级传送带控制电路的设计与安装——顺序控制电路的设计与安装

任务1 认识中间继电器

学习目标

1. 了解中间继电器的结构、功能。
2. 掌握中间继电器的工作原理。
3. 熟记中间继电器的图形符号、文字符号。
4. 能正确选用、安装中间继电器。
5. 培养学生的安全文明生产意识、质量意识和团队协作精神。

任务描述

本任务以小组为单位，仔细观察多种中间继电器，收集相关资料，熟悉元器件的参数及标识的含义，利用万用表分别测量各触点在闭合、分断时的电阻值，从而判断其通断情况，并做好记录。观察其内部结构，探究其动作原理，完成后将中间继电器组装好后归位，整个过程要求团队协作、主动探究、严谨细致、精益求精。

任务知识库

1. 功能、分类

中间继电器是用来增加控制电路中的信号数量或将信号放大的继电器。其输入信号是线圈的通电和断电，输出信号是触点的动作。由于触头的数量较多，所以当其他电器的触点数不够时，可借助中间继电器作中间转换来控制多个元件或回路。中间继电器按电压种类可分为交流中间继电器和直流中间继电器。

2. 外形、符号

几种中间继电器外形如图 6-4 所示。

图 6-4　几种中间继电器的外形

中间继电器的图形符号和文字符号如图 6-5 所示。

图 6-5　中间继电器的图形符号和文字符号

3. 型号含

中间继电器的型号和含义如下：

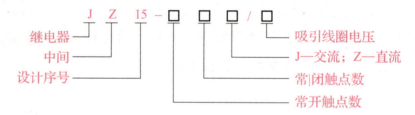

4. 结构、工作原理

中间继电器结构示意如图 6-6 所示。

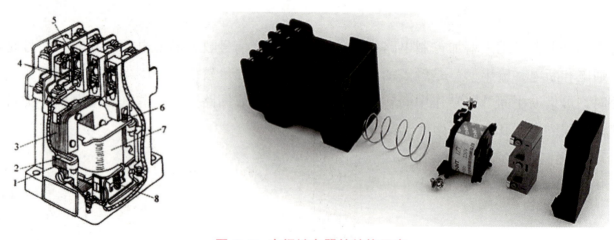

图 6-6　中间继电器的结构示意

1—静铁芯；2—短路环；3—衔铁；4—动断触点；5—动合触点；6—反作用弹簧；7—线圈；8—缓冲弹簧。

如图 6-6 所示，中间继电器的结构及工作原理与接触器基本相同，由静铁芯、短路环、衔铁、触点系统、反作用弹簧、缓冲弹簧等组成。因而中间继电器又称接触器式继电器。但中间继电器的触点对数多，且没有主、辅触点之分，各对触点允许通过的电流大小相同，多数为5A。因此，对于工作电流小于5A的电气控制电路，可用中间继电器代替接触器来控制。

5. 选用方法

中间继电器主要依据被控制电路的电压等级、所需触点的数量、种类、容量等要求来选择。

常用中间继电器的技术数据见表6-2。

表6-2 常用中间继电器的技术数据

型号	电压种类	触点电压/V	触点电流/A	触点组合 常开	触点组合 常闭	通电持续率/%	吸引线圈电压/V	吸引线圈消耗功率	额定操作频率/h^{-1}
JZ7—44	交流	380	5	4	4	40	12、24、36、48、110、127、380、420、440、500	12VA	1200
JZ7—62				6	2				
JZ7—80				8	0				
JZ14—□□J/□	交流	380	5	6	2	40	110、127、220、380	10VA	2000
				4	4				
JZ14—□□J/□	直流	220		2	6		24、48、110、220	7VA	
JZ15—□□J/□	交流	380	10	6	2	40	36、127、220、380	11VA	1200
				4	4				
JZ15—□□J/□	直流	220		2	6		24、48、110、220	11VA	

任务2 顺序控制电路的设计与安装

 学习目标

1. 会绘制、识读两台电动机顺序启动同时停止、顺序启动逆序停止的顺序控制电路的电路图、接线图和布置图。
2. 会分析两台电动机顺序启动同时停止、顺序启动逆序停止的顺序控制电路工作原理。
3. 会安装、调试和维修顺序控制电路。
4. 培养学生的安全文明生产意识、质量意识和团队协作精神。

任务描述

以小组为单位，工作负责人通过现场调查和网上查阅资料，了解机制砂生产线设备的控制要求。按控制要求安装控制电路，用电缆从动力配电箱引出电源，通过控制电路将电源引入传送带电动机，为了防止物料的积压，要求两级传送带能够实现顺序启动逆序停止，在安装完成后，进行检验和通电试车，合格后交付使用。整个学习过程要求团队协作、主动探究、严谨细致、精益求精。

任务知识库

一、主电路实现顺序控制

如图 6-7 所示为主电路实现两台电动机顺序控制的控制电路的电路图。该线路的特点是电动机 M2 的主电路接在接触器 KM1 主触头的下方，电动机 M1 和 M2 分别通过接触器 KM1 和 KM2 来控制，这样就保证了只有当接触器 KM1 的主触点闭合、电动机 M1 启动运转后，电动机 M2 才可能接通电源运转。

该控制电路的工作原理如下。

（1）合上电源隔离开关 QF。

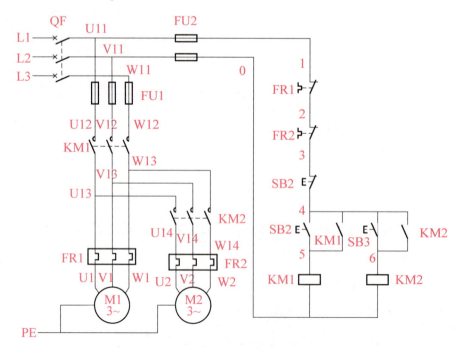

图 6-7　主电路实现顺序控制电路的电路图

（2）M1 启动后 M2 才能启动。

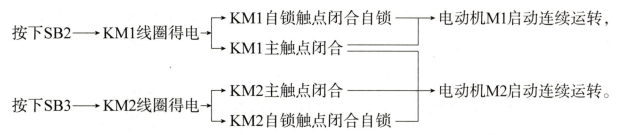

（3）M1、M2 同时停转。

按下 SB1→控制电路断电→KM1、KM2 线圈失电→它们的主触点分断→电动机 M1、M2 同时停转。

二、控制电路实现顺序控制

图 6-8 为三种控制电路实现电动机顺序控制的电路图。

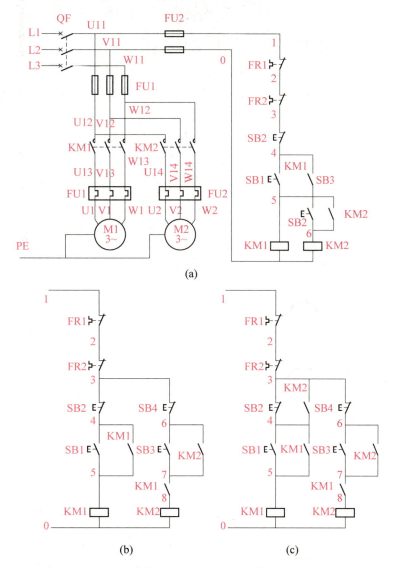

图 6-8 三种控制电路实现顺序控制的电路图

图 6-8（a）所示控制电路的特点是：M1 启动后，M2 才能启动；M1、M2 同时停止。

图 6-8（b）所示控制电路的特点是：M1 启动后，M2 才能启动；M1、M2 可同时停止，也可先停止 M2，再停止 M1。

图 6-8（c）所示控制电路的特点是：M1 启动后，M2 才能启动；先停止 M2、再停止 M1。此电路可称为两台电动机顺序启动、逆序停止控制电路。

线路的工作原理如下。

（1）合上电源开关 QF。

（2）M1、M2 顺序启动（M1 启动后，M2 才能启动）：

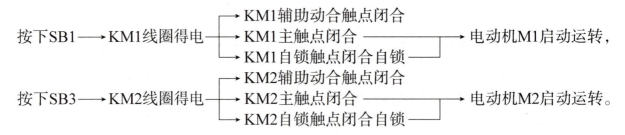

（3）M1、M2 逆序停止（M2 停止后，M1 才能停止）：

项目七

污水池自吸泵电动机控制电路的设计与安装——星-三角降压启动控制电路的设计与安装

知识树

星-三角降压启动控制电路的设计与安装
- 任务1 认识时间继电器
- 任务2 自吸泵电动机控制电路的设计与安装
  - 三相交流异步电动机的降压启动
  - 时间继电器自动控制星-三角降压启动控制电路
  - 星-三角自动启动器

项目目标

1. 熟悉时间继电器的结构，掌握其工作原理、作用、安装接线及选用方法，熟记图形符号、文字符号。

2. 熟悉三相异步电动机降压启动的方法，会分析三相异步电动机时间继电器自动控制星-三角降压启动控制电路的特点、工作原理，了解其在工程技术中的典型应用。

3. 会绘制和识读时间继电器自动控制星-三角降压启动控制电路的电路图、布置图和接线图。

4. 会根据工作任务书要求安装、调试、运行和维修自吸泵电动机控制电路。

5. 掌握星-三角自动启动器控制电路的电路图和工作原理。

6. 培养学生的安全文明生产意识、质量意识和团队协作精神。

项目描述

对于前面所学习的各种控制电路，电动机都是在额定电压下全压启动的，即直接启动。全压启动所用电气设备少，线路简单，维修量较小。但较大容量的电动机不能采用全压启动的方法，需要采用降压启动的方法。

某污水处理厂委托同学们为他们的污水池安装两台自吸泵电动机（见图7-1）的控制配电箱，使其能够正常工作。希望同学们通过学习完成安装任务。工作任务单见表7-1。

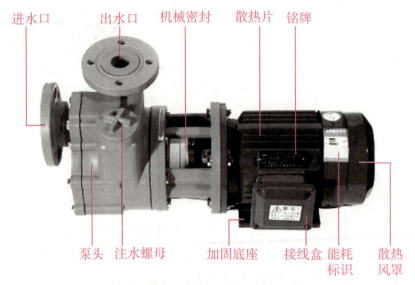

图 7-1　自吸泵电动机

表 7-1　工作任务单

工作任务	安装污水池自吸泵电动机控制配电箱	派工日期	年　月　日
乙方项目经理		完成日期	年　月　日
签收人		签收日期	年　月　日
工作内容	1. 安装自吸泵电动机控制配电箱，并自检 2. 根据现场已安装就位的自吸泵电动机，用电缆从车间动力配电箱引出电源，通过控制配电箱将电源引入自吸泵电动机 3. 控制配电箱安装完成后，进行检验和通电试验，合格后交付使用 4. 将相关技术资料交付车间档案室归档保存。		
申领器材	该项由电气安装工程师填写： 　　　　　　　　　　　　　　　　　　　　　　　　　　器材申领人：		
任务验收	填写设备的主要验收技术参数和功能实现，由质检人员填写： 　　　　　　　　　　　　　　　　　　　　　　　　　　质检人员：		
车间负责人评价	负责人签字：		

项目七 污水池自吸泵电动机控制电路的设计与安装——星-三角降压启动控制电路的设计与安装

项目分析

自吸泵是一种机械设备，它通过泵中叶轮的转动，将机械能转换为水的位能，给水加压。其广泛用于电镀排污、食品医药、制药化工、印染纺织、冶炼机械等场所。在这些场所用的电动机功率较大，启动时需采用降压启动。

1. 技术要求

自吸泵控制系统由自吸泵电动机、电源和控制配电箱等构成。自吸泵电动机正常运行时定子绕组为三角形连接。

按下启动按钮后，自吸泵电动机定子绕组先接成星形（又称Y形）连接降压启动，由时间继电器KT自动控制延时时间，延时结束，自吸泵电动机定子绕组换接成三角形（又称△形）连接全压运行。同时应具有短路、过载、失压与欠压保护以及漏电保护措施。

2. 控制电路

采用星-三角（又称Y-△）降压启动控制电路控制自吸泵电动机，其控制电路的电路图如图7-2所示。它是由三相交流电源（L1、L2、L3）、断路器QF组成电源电路；由低压熔断器FU1，交流接触器KM、KM_Y、$KM_\triangle$的主触点和热继电器FR的热元件及三相交流异步电动机M构成主电路；由熔断器FU2、热继电器动断触点、停止按钮、启动按钮、交流接触器线圈、时间继电器构成控制电路，利用时间继电器KT自动完成降压启动过程，根据生产工艺要求或者电动机启动过程的持续时间来整定时间继电器的动作时间，从而控制换接时间的长短。

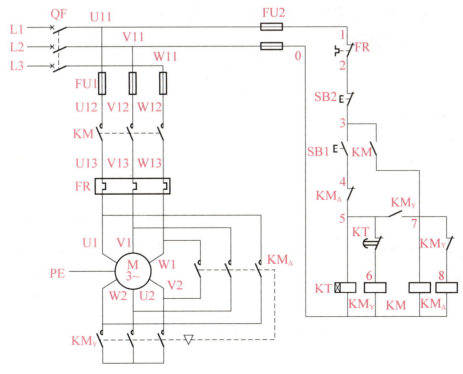

图7-2 自吸泵电动机控制电路的电路图

任务 1　认识时间继电器

学习目标

1. 了解时间继电器的结构、功能。
2. 掌握时间继电器的工作原理。
3. 熟记时间继电器的图形符号、文字符号。
4. 能正确选用时间继电器及安装接线。
5. 能正确调整、校验时间继电器的延时时间值。
6. 培养学生的安全文明生产意识、质量意识和团队协作精神。

任务描述

本任务以小组为单位，仔细观察多种时间继电器，收集相关资料，熟悉元器件的参数及标识的含义，利用万用表根据底座接线图测量时间继电器断电状态和通电状态时动断、动合触点接线柱间电阻值，并做好记录。整个过程要求团队协作、主动探究、严谨细致、精益求精，注重培养学生的安全文明生产意识。

任务知识库

1. 功能、分类

1）功能

时间继电器是继电器的一种，它是一种利用电磁原理或机械动作原理来实现触点延时闭合或延时分断的自动控制电器。它从得到动作电信号至触点动作有一定的延时时间，因此广泛应用于从接收电信号至触点动作需要按时间先后顺序进行的自动控制电路中。

2）分类

时间继电器的种类很多，可按动作原理和延时特点分类（见表 7-2）。

表 7-2 时间继电器分类

分类方法	类型	特点
按动作原理分	空气阻尼式	延时范围可达到数分钟，但整定精度较差，只适用于一般场合
	电磁式	延时范围可达到十几秒，多为断电延时型，其延时整定的精度和稳定性不是很高，但继电器本身适应能力较强，常在一些要求不太高、工作条件又较恶劣的场合采用
	电动式	延时精度高，延时可调范围大（由几分钟到十几小时），但结构复杂，价格较高
	晶体管式	具有机械结构简单、延时范围宽、整定精度高、体积小、耐冲击和耐振动、消耗功率小、调整方便及寿命长等优点，所以发展迅速，已成为时间继电器的主流产品，应用范围越来越广。晶体管式时间继电器按结构可分为阻容式和数字式两类；按延时方式分为通电延时、断电延时、复式延时、多制式延时等类型
按延时特点分	通电延时动作型	线圈通电后开始延时，达到延时时间后，延时触点动作（动合触点闭合、动断触点断开）
	断电延时复位型	线圈通电后，其触点瞬间动作（动合触点闭合、动断触点断开）；线圈失电后开始延时，达到延时时间后，延时触点复位（动断触点恢复闭合、动合触点恢复断开）

2. 外形、符号

几种时间继电器的外形如图 7-3 所示。

图 7-3 几种时间继电器的外形

时间继电器的图形符号和文字符号如图 7-4 所示。

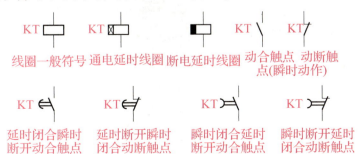

图 7-4 时间继电器的图形符号和文字符号

3. 型号含义

JS14P 系列时间继电器的型号含义如下：

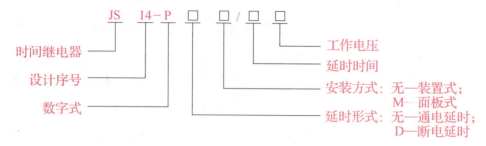

JSZ3 系列时间继电器的型号含义如下：

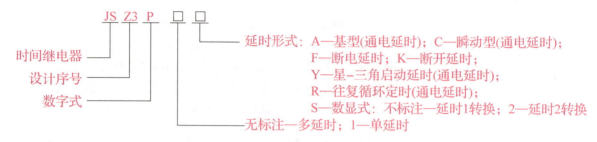

4. 结构

时间继电器主要由安装底座和主体部分组成。JS14P 系列时间继电器结构图、面板示意图、底座接线图如图 7-5 所示。

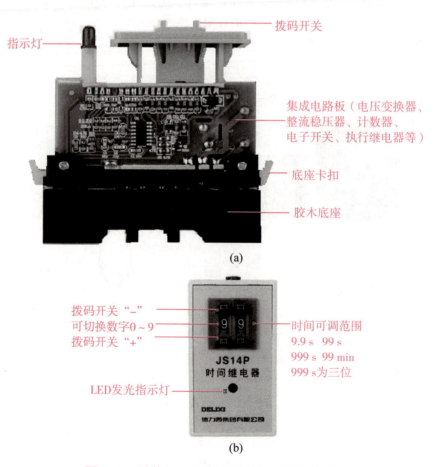

图 7-5　结构图、面板示意图、底座接线图

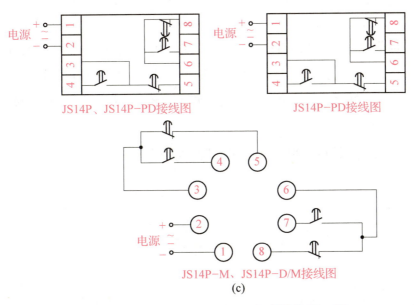

JS14P、JS14P-PD接线图　　　　JS14P-PD接线图

JS14P-M、JS14P-D/M接线图

(c)

图7-5　结构图、面板示意图、底座接线图（续）
(a) 结构图；(b) 面板示意图；(c) 底座接线图

　　JS14P 系列时间继电器的主体部分有保护外壳，其内部是印制电路，如图 7-5（a）所示。安装和接线采用专用的插接座，并配有带插脚标记的标牌作接线指示。上标盘上有延时设定表盘和发光二极管作为动作指示，如图 7-5（b）所示。其结构形式可分为装置式、面板式和导轨式三种，如图 7-6 所示。装置式具有带接线端子的胶木底座；面板式采用通用八大脚插座，可直接安装在控制台的面板上；导轨式可安装在 35 mm 的标准导轨上，方便拆装。

装置式　　　　面板式　　　　导轨式

图7-6　时间继电器结构形式

　　主要技术参数如型号、工作电压、动作形式、延时范围、触点数量、触点容量、安装方式等可查阅使用说明书。

5. 选用方法

　　（1）根据控制电路的延时范围和精度选择时间继电器的类型和系列。在延时精度要求不高的场合，一般可选用空气阻尼式时间继电器（JS7-A 系列）；对精度要求较高的场合，可选用电子式时间继电器。

　　（2）根据控制电路的要求选择时间继电器的延时方式（通电延时动作型和断电延时复位型），同时，还要考虑电路对瞬间动作触点的要求。

　　（3）根据控制电路的电压和电流选择时间继电器线圈、触点的额定电压和电流值。

6. 使用说明

（1）按照继电器罩壳标签上的接线图正确接线，电源电压和频率必须符合要求。

（2）接通电源前应检查接线是否正确，并使用面板上的拨码开关预置延时时间。

（3）接通电源后，时间继电器开始延时，延时到预置时间执行继电器转换，继电器实现定时控制。

（4）使用时，断开电源再接通时的时间间隔需大于 1 s。

任务 2　自吸泵电动机控制电路的设计与安装

学习目标

1. 会判断电动机能否全压启动，熟悉电动机常见的降压启动方法。
2. 会绘制、识读自吸泵电动机控制电路的电路图、接线图和布置图。
3. 会分析自吸泵电动机控制电路工作原理。
4. 会安装、调试、运行自吸泵电动机控制电路。
5. 培养学生的安全用电意识、质量意识和团队协作意识。

任务描述

以小组为单位，工作负责人通过现场调查和阅读自吸泵控制系统使用说明书，了解技术信息：主要技术参数和控制要求。按控制要求设计并安装控制配电箱，对已安装就位的自吸泵电动机，用电缆从动力配电箱引出电源，通过控制配电箱将电源引入自吸泵电动机，在安装完成后，进行检验和通电试车，合格后交付使用。整个学习过程要求团队协作、主动探究、严谨细致、精益求精。

任务知识库

一、三相交流异步电动机的降压启动

1. 降压启动

降压启动是指电动机在启动时，加在电动机定子绕组上的电压小于电动机的额定电压，待电动机启动运转后，再使电动机定子绕组电压恢复到额定电压，让电动机正常运行。

电动机在降压启动时，降压的同时也降低了启动电流，所以降压启动达到了减小启动电流的目的。但是由于电动机转矩与电源电压的平方成正比，所以降压启动也将导致电动机的启动转矩大为降低。因此，降压启动需要在电动机空载或轻载情况下进行。

常见的降压启动方法有定子绕组串电阻降压启动、自耦变压器降压启动、星形降压启动、延边三角形降压启动、软启动器降压启动等方法，目前我国大力发展和倡导的是软启动器降压启动。

2. 星-三角降压启动

星-三角降压启动是指电动机启动时，把定子绕组接成星形，以降低启动电压，限制启动电流；待电动机启动后，再把定子绕组改接成三角形，使电动机全压运行。凡是在正常运行时定子绕组作三角形连接的异步电动机，均可采用这种降压启动方法。

电动机三相绕组星形、三角形连接示意如图7-7所示。电动机接线盒的接线如图7-8所示。

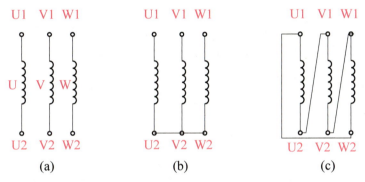

图7-7　电动机三相绕组连接示意

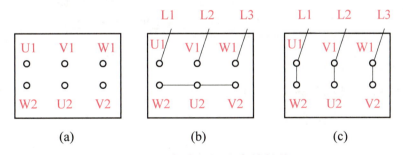

图7-8　电动机接线盒的接线

二、时间继电器自动控制星-三角降压启动控制电路

时间继电器自动控制星-三角降压启动控制电路的电路图如图7-9所示。该线路由三个接触器、一个热继电器、一个时间继电器和两个按钮组成。接触器KM作引入电源用，接触器KM_Y和$KM_\triangle$分别作星形降压启动用和三角形运行用，时间继电器KT用作控制星形降压启动时间和完成星-三角自动切换，SB1是启动按钮，SB2是停止按钮，FU1作主电路的短路保护，FU2作控制电路的短路保护，FR作过载保护。

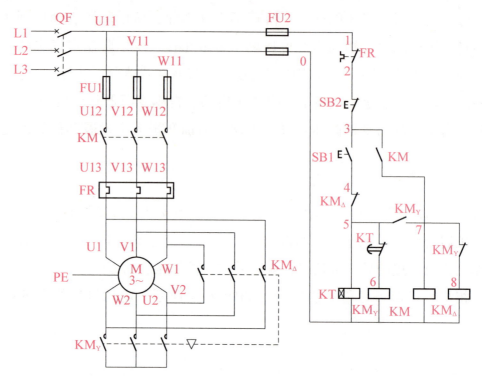

图 7-9 时间继电器自动控制星-三角降压启动控制电路的电路图

线路工作原理如下。

（1）合上电源开关 QF。

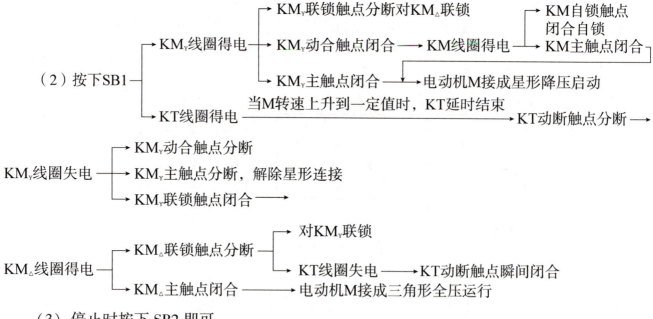

（3）停止时按下 SB2 即可。

该线路中，接触器 KM$_Y$ 得电以后，通过 KM$_Y$ 的辅助动合触点使接触器 KM 得电动作，这样 KM$_Y$ 的主触点是在无负载的条件下进行闭合的，故可延长接触器 KM$_Y$ 主触点的使用寿命。

其线路布置图如图 7-10 所示。

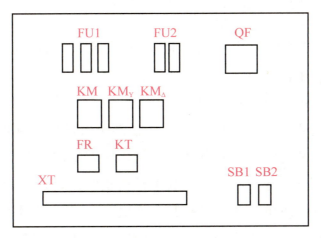

图 7-10 线路布置图

三、星-三角自动启动器

QX3-13 型星-三角自动启动器的电路图如图 7-11 所示。这种启动器主要由三个接触器 KM、KM_Y、$KM_\triangle$，一个热继电器 FR，一个通电延时型时间继电器 KT 和两个按钮 SB1、SB2 组成。线路工作原理请自行分析。

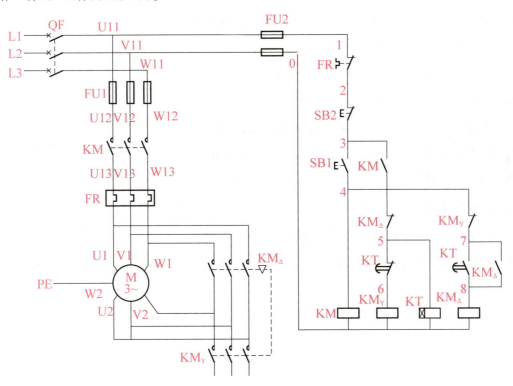

图 7-11 QX3-13 型星-三角自动启动器的电路图

四、软启动器

软启动器是一种集电动机软启动、软停车、多种保护功能于一体的新颖电动机控制装置，国外称为 Soft Starter。

1. 软启动器的主要结构和工作原理

它的主要构成是串接于电源与被控电动机之间的三相反并联晶闸管及其电子控制电路。

软启动器采用三相反并联晶闸管作为调压器，将其接入电源和电动机定子之间。这种电路如三相全控桥式整流电路。使用软启动器启动电动机时，晶闸管的输出电压逐渐增加，电动机逐渐加速，直到晶闸管全导通，电动机工作在额定电压的机械特性上，实现平滑启动，降低启动电流，避免启动过流跳闸。待电动机达到额定转速时，启动过程结束，软启动器自动用旁路接触器取代已完成任务的晶闸管，为电动机正常运转提供额定电压，以降低晶闸管的热损耗，延长软启动器的使用寿命，提高其工作效率，又使电网避免了谐波污染。软启动器同时还提供软停车功能，软停车与软启动过程相反，电压逐渐降低，转速逐渐下降到零，避免自由停车引起的转矩冲击。

2. 软启动器的应用

在工业自动化程度要求比较高的场合，为便于控制和应用，通常将软启动器、断路器和控制电路组成一个较完整的电动机控制中心，以实现电动机的软启动、软停车、故障保护、报警、自动控制等功能。

软启动器可以实现软启动、软停车。但软启动器并不需要一直运行。集成的旁路接触器在电动机达到正常运行速度之后启用，将电动机连到线路上，这时软启动器就可以关闭了。如图7-12所示电路中，在软启动器两端并联接触器KM1，当电动机软启动结束后，KM1闭合，工作电流将通过KM1送至电动机。若要求电动机软停车，则一旦发出停车信号，就将KM1分断，然后再由软启动器对电动机进行软停车。

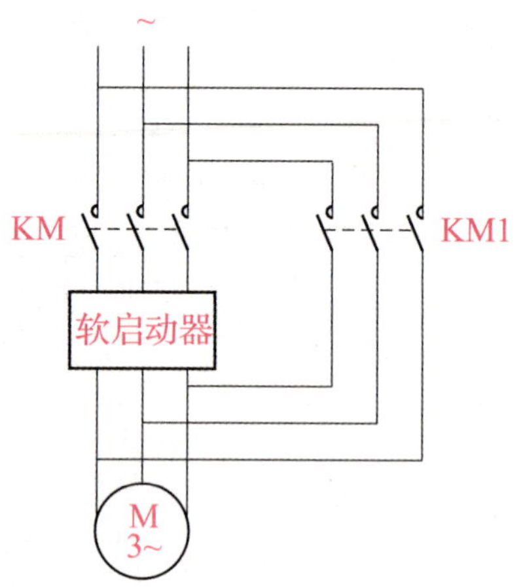

图7-12 软启动器主电路的电路图

该电路有如下优点：

（1）在电动机运行时可以避免软启动器产生的谐波。

（2）软启动器仅在启动和停车时工作，可以避免长期运行使晶闸管发热，延长了使用寿命。

（3）一旦软启动器发生故障，可由旁路接触器作为应急备用。

项目八

立式铣床制动控制电路的检修——制动控制电路的设计、安装与维修

知识树

立式铣床制动控制电路的检修 { 任务1 起重机电磁抱闸制动器制动控制电路 { 电磁抱闸制动器、电磁离合器 / 电磁抱闸制动器断电制动控制电路 / 电磁抱闸制动器通电制动控制线路 任务2 单向启动反接制动控制电路设计、安装与维修 { 速度继电器 / 单向启动反接制动控制电路

项目目标

1. 熟悉电磁抱闸制动器、电磁离合器的基本结构、工作原理及型号含义，熟记其图形符号和文字符号。

2. 熟悉常用速度继电器的功能、基本结构、工作原理、型号含义，熟记图形符号和文字符号。

3. 会识别、检测、选用速度继电器。

4. 熟悉三相异步电动机的制动方法与制动原理，会分析三相异步电动机单向启动反接制动控制电路的工作原理。

5. 会根据工作任务要求安装、调试、运行和维修铣床主轴电动机控制电路。

6. 培养学生的安全文明生产意识、质量意识和团队协作精神。

项目描述

电动机断开电源后，由于惯性，电动机不会马上停下，需要一段时间才能完全停止。这种情况对于某些生产机械是不适宜的，如起重机的吊钩需要准确定位，万能铣床、车床要求立即停转等，都要求采取相应措施，使电动机脱离电源后立即停转，这就需要对电动机进行

制动控制。

某企业的机加工车间里,有一台万能铣床如图 8-1 所示,突然出现主轴电动机制动失灵现象,严重影响生产进度,现委托同学们进行维修,希望同学们通过本节学习来完成维修任务。工作任务单如表 8-1 所示。

图 8-1 万能铣床

表 8-1 工作任务单

工作任务	万能铣床主轴电动机制动失灵故障检修	派工日期	年	月	日
乙方项目经理		完成日期	年	月	日
签收人		签收日期	年	月	日
工作内容	1. 利用所学制动控制电路的知识,对万能铣床进行故障检测和维修 2. 将相关技术资料交付车间档案室归档保存					
申领器材	该项由电气安装工程师填写: 器材申领人:					
任务验收	填写设备的主要验收技术参数和功能实现,由质检人员填写: 质检人员:					
车间负责人评价	负责人签字:					

项目分析

X5032 立式铣床操作方便,性能可靠,广泛适用于各类机械加工部门,加工各种平面、沟槽、齿轮等。配置万能铣头、圆工作台、分度头等铣床附件,可进一步扩大机床的使用范围。

图 8-2 为铣床单向启动反接制动控制线路的电路图,可以实现连续正转、反接半电阻制动。本电路具有短路、过载、欠压与失压保护以及漏电保护的功能。

项目八　立式铣床制动控制电路的检修——制动控制电路的设计、安装与维修

控制电路是由三相电源 L1、L2、L3，低压断路器 QF，低压熔断器 FU1 和 FU2，交流接触器 KM1 和 KM2，热继电器 FR，速度继电器 KS，停止按钮 SB1 和启动按钮 SB2，三相交流异步电动机 M 构成。

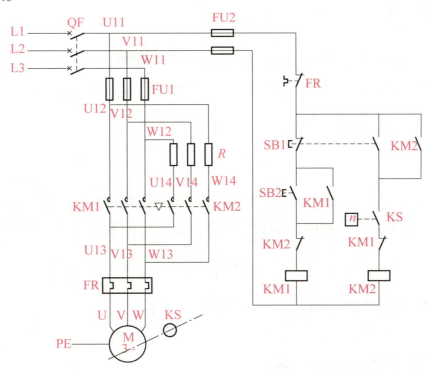

图 8-2　单向启动反接制动控制电路的电路图

任务 1　起重机电磁抱闸制动器制动控制电路

 学习目标

1. 熟悉电磁抱闸制动器、电磁离合器的基本结构、工作原理及型号含义，熟记其图形符号、文字符号。
2. 掌握电磁抱闸制动器、电磁离合器的工作原理。
3. 会绘制、识读电磁抱闸制动器制动控制电路的电路图并分析其工作原理。
4. 培养学生的安全文明生产意识、质量意识和团队协作精神。

 任务描述

本任务以小组为单位，仔细观察电磁抱闸制动器、电磁离合器，收集相关资料，熟悉元器件的参数及标识的含义，能正确识读并绘制出电磁抱闸制动器断电制动控制电路。整个过

程要求团队协作、主动探究、严谨细致、精益求精。

任务知识库

机械制动是利用机械装置使电动机断电后立即停转的制动方式。常用的方法有电磁抱闸制动器制动和电磁离合器制动。现以电磁抱闸制动器为例介绍机械制动的制动原理和控制电路。

一、电磁抱闸制动器

1. 结构

电磁抱闸制动器由交流单相制动电磁铁与闸瓦制动器共同组成，其外形结构如图 8-3 所示。制动电磁铁主要由铁芯、线圈、衔铁三部分组成，电磁抱闸制动器由闸瓦、杠杆、弹簧和底座等组成。

2. 符号

电磁抱闸制动器的图形符号和文字符号如图 8-4 所示。

图 8-3　电磁抱闸制动器外形结构

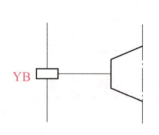

图 8-4　电磁抱闸制动器的图形符号和文字符号

3. 型号含义

电磁抱闸制动器的型号含义如下：

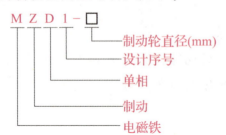

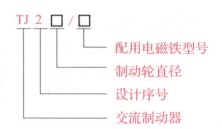

4. 工作原理

电磁抱闸制动器部分可分为断电制动型和通电制动型两种。断电制动型的工作原理：当制动电磁铁的线圈通电时，制动器的闸瓦与闸轮分开，无制动作用；当线圈断电时，制动器的闸瓦紧紧抱住闸轮制动。通电制动型的工作原理：当制动电磁铁的线圈通电时，闸瓦紧紧抱住闸轮制动；当线圈断电时，制动器的闸瓦与闸轮分开，无制动作用。

二、电磁抱闸制动器制动控制电路

1. 电磁抱闸制动器断电制动控制电路

电磁抱闸制动器断电制动控制电路的电路图如图8-5所示。

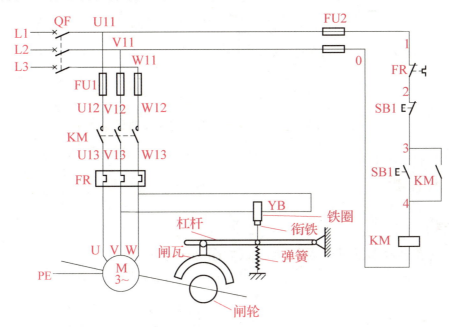

图8-5 电磁抱闸制动器断电制动控制电路的电路图

线路的工作原理如下。

（1）启动运转。先合上电源开关QF。按下启动按钮SB1，接触器KM线圈通电，其自锁触点和主触点闭合，电动机M接通电源，同时电磁抱闸制动器YB线圈通电，衔铁与铁芯吸合，衔铁克服弹簧拉力，迫使制动杠杆向上移动，从而使制动器的闸瓦与闸轮分开，电动机正常运转。

（2）制动停转。按下停止按钮SB2，接触器KM线圈断电，其主触点和自锁触点分断，电动机M的电源被切断，同时电磁抱闸制动器的线圈也断电，衔铁释放，在弹簧拉力的作用下，使闸瓦紧紧抱住闸轮，电动机迅速被制动停转。

这种制动方式是在电源切断时才起制动作用的，在起重机械上被广泛采用。其优点是能够准确定位，同时可防止电动机突然断电时重物自行坠落。但由于电磁抱闸制动器线圈耗电时间与电动机运行时间一样长，所以不够经济。另外，由于电磁抱闸制动器在切断电源后具有制动作用，使手动调整工作很困难。因此，对电动机制动后需要手动调整工件位置的机床设备不能采用此法，而是采用通电型电磁抱闸制动。

2. 电磁抱闸制动器通电制动控制电路

电磁抱闸制动器通电制动控制电路电路图如图8-6所示。

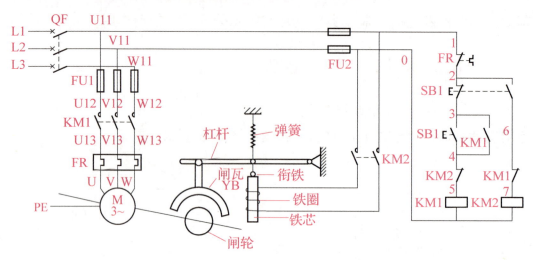

图 8-6 电磁抱闸制动器通电制动控制电路的电路图

三、电磁离合器

1. 外形、结构

断电制动型电磁离合器的外形及结构示意如图 8-7 所示。

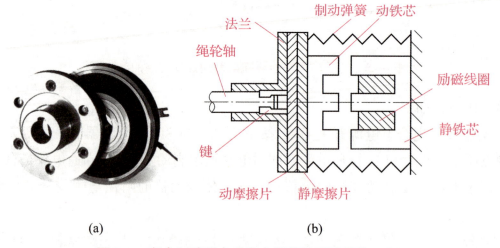

(a)　　　　　　　　　　(b)

图 8-7 断电制动型电磁离合器的外形及结构示意

2. 工作原理

电磁离合器制动原理与电磁抱闸制动器制动原理类似，其主要区别是电磁离合器利用动、静摩擦片之间产生足够大的摩擦力而实现制动。电动机断电时，线圈失电，制动弹簧将静摩擦片紧紧地压在动摩擦片上，此时电动机通过绳轮轴被制动。当电动机通电运转时，线圈也同时得电，电磁铁的动铁芯被静铁芯吸合，使静摩擦片分开，于是动摩擦片连同绳轮轴在电动机的带动下正常启动运转。电动葫芦的绳轮、X62W 型万能铣床的主轴电动机等常采用这种制动方法。

任务 2　单向启动反接制动控制电路设计、安装与维修

学习目标

1. 熟悉速度继电器的基本结构、工作原理及型号含义，熟记其图形符号和文字符号，会识别、检测、选用速度继电器。
2. 了解反接制动的原理，会识读、绘制单向启动反接制动控制电路的电路图。
3. 会分析单向启动反接制动控制电路中各电气元件的作用和工作原理。
4. 会安装、调试、运行和维修单向启动反接制动控制电路。
5. 培养学生的安全文明生产意识、质量意识和团队协作精神。

任务描述

本任务以小组为单位，熟悉速度继电器的功能、基本结构、工作原理、型号含义，收集相关资料，熟悉元器件的参数及标识的含义；会安装与检测速度继电器控制的单向启动反接制动控制电路。整个过程要求团队协作、主动探究、严谨细致、精益求精。

任务知识库

在实际生产中，有很多生产机械采用电气制动，如 T68 型镗床的主轴电动机所采用的反接制动方法就属于电气制动。

所谓电气制动，就是在电动机切断电源停转的过程中，产生一个和电动机实际旋转方向相反的电磁转矩（制动转矩），使电动机迅速制动停转的方法。

常用的方法有反接制动、能耗制动、电容制动、回馈制动。现以反接制动为例介绍电气制动的制动原理和控制电路。

反接制动：反接制动是将转动中的电动机任意两根相线对调，以改变电动机定子绕组的电源相序，定子绕组产生反向的旋转磁场，从而使转子受到与原旋转方向相反的制动力矩而迅速停转。反接制动的基本原理如图 8-8 所示。

当开关 QS 动触点接到上面静触点时，电动机定子绕组 U-V-W 电源相序为 L1-L2-L3，电动机将沿顺时针磁场方向旋转，如图 8-8（b）所示。

当电动机需要停转时，开关 QS 动触点与上面静触点断开，使电动机与电源脱离，但转子由于惯性仍按原方向旋转，然后将开关 QS 动触点迅速接到下面静触点，由于 L1、L2 两相线对调，电动机定子绕组 U-V-W 电源相序变为 L2-L1-L3，旋转磁场方向变为逆时针方向，此

时转子沿原旋转方向切割旋转磁场磁感线，在转子绕组中产生感应电流，如图 8-8（b）所示。而转子绕组一旦产生电流，又受到旋转磁场的作用，则会产生电磁转矩，如图 8-8（b）所示。可见，此转矩方向与电动机原旋转方向相反，使电动机转子受制动迅速停转。

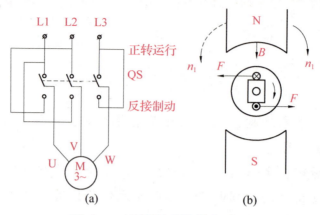

图 8-8 反接制动的基本原理

在反接制动时，当转子转速接近零时，应立即切断电动机电源，否则电动机将会反转。反接制动设施中常用速度继电器来自动及时切断电源。

一、速度继电器

1. 作用

速度继电器的作用：以电动机转动的快慢为指令信号接通或断开电路。

2. 外形、符号

速度继电器的外形及结构示意如图 8-9 所示。

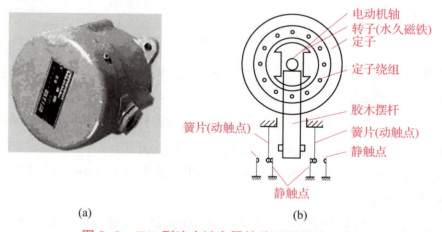

图 8-9 JY1 型速度继电器的外形及结构示意

速度继电器的图形符号及文字符号如图 8-10 所示。

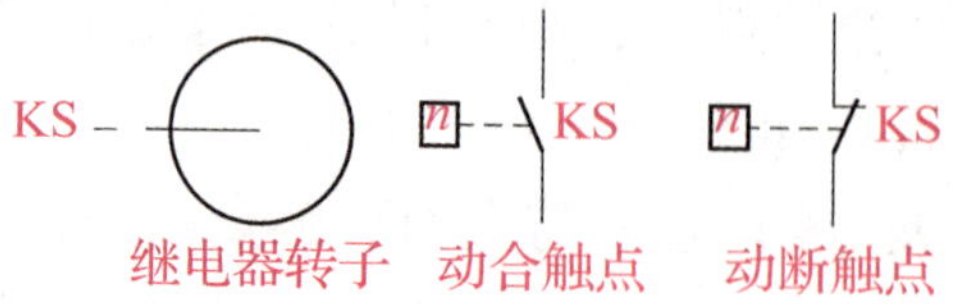

图 8-10 速度继电器的图形符号及文字符号

速度继电器的型号含义如下：

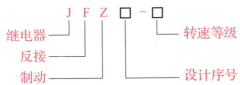

速度继电器的工作原理如下。

当电动机旋转时，速度继电器的转子随之转动，从而在转子和定子之间的气隙中产生旋转磁场，在定子绕组上产生感应电流，该电流在永久磁铁的旋转磁场作用下，产生电磁转矩，使定子随永久磁铁转动的方向偏转。偏转角度与电动机的转速成正比。当定子偏转到一定角度时，带动胶木摆杆推动簧片，使常闭触头断开，常开触头闭合。当电动机转速低于某一值时，定子产生转矩减小，触头在簧片作用下复位。

一般速度继电器的触头动作转速为 120 r/min，触头复位转速在 100 r/min 以下。在连续工作制中，能可靠地工作在 3 000～3 600 r/min。

速度继电器的安装接线如下：

① 速度继电器的转轴与电动机转轴必须同轴紧密相连，并且应使两轴的中心线重合；

② 速度继电器有一组正转动作触点，一组反转动作触点，应注意正反向触点不能接错，否则就不能起到反接制动的作用；

③ 速度继电器的金属外壳应可靠接地。

速度继电器主要根据控制电路的转速大小、触点对数、电压、电流来选用。

二、单向启动反接制动控制电路

单向启动反接制动控制电路的电路图如图 8-2 所示。

电路的工作原理如下。

(1) 合上电源开关 QF。

(2) 单向启动：

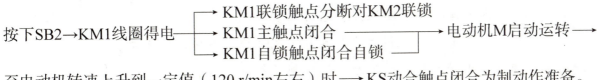

至电动机转速上升到一定值（120 r/min 左右）时 → KS 动合触点闭合为制动作准备。

(3) 反接制动：

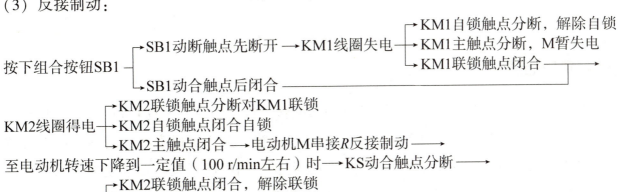

项目九

交通隧道射流风机控制电路的设计与安装——双速电动机控制电路的设计与安装

知识树

双速电动机控制电路的设计与安装 ┤ 三相异步电动机的调速方法
　　　　　　　　　　　　　　　　双速异步电动机定子绕组的连接
　　　　　　　　　　　　　　　　双速异步电动机控制电路

项目目标

1. 掌握改变三相异步电动机转速的三种方法。
2. 理解双速异步电动机定子绕组三角形/双星形（又称△/YY）连接的调速原理。
3. 会识读、绘制双速异步电动机控制电路的电路图。
4. 会分析双速异步电动机控制电路中各电气元件的作用和工作原理。
5. 熟悉双速异步电动机控制电路在电气控制设备中的典型应用。
6. 培养学生的安全文明生产意识、质量意识和团队协作精神。

项目描述

交通隧道与外界相对闭塞，司乘人员长时间接触汽车尾气可导致 CO 中毒，碳烟和路面扬尘对人眼产生视觉障碍，容易使驾驶人员的视线模糊，造成交通事故。离隧道进出口较远的区间仅仅利用自然通风是达不到运营要求的，需要用到机械通风方式。机械通风方式是国内外隧道交通中最常用的通风方式，为了使外界的空气与隧道内的空气实现交换，在隧道内安装一定数量的射流风机来达到送风和排风的目的，为司乘人员提供新鲜空气。射流风机如图

项目九 交通隧道射流风机控制电路的设计与安装——双速电动机控制电路的设计与安装

9-1 所示。隧道施工队委托同学们为他们的隧道通风系统安装两台射流风机控制电路，使其能够正常运作，希望同学们通过学习完成安装任务。工作任务单见表 9-1。

图 9-1 射流风机

表 9-1 工作任务单

工作任务	安装交通隧道射流风机控制配电箱	派工日期	年 月 日
乙方项目经理		完成日期	年 月 日
签收人		签收日期	年 月 日
工作内容	1. 安装交通隧道射流风机控制配电箱，并自检 2. 根据现场已安装就位的射流风机，用电缆从动力配电箱引出电源，通过控制电路配电箱将电源引入射流风机 3. 控制配电箱安装完成后，进行检验和通电试验，合格后交付使用 4. 将相关技术资料交付车间档案室归档保存		
申领器材	该项由电气安装工程师填写： 器材申领人：		
任务验收	填写设备的主要验收技术参数和功能实现，由质检人员填写： 质检人员：		
车间负责人评价	负责人签字：		

项目分析

交通隧道通风换气设备多采用射流风机，它们的控制方式基本相同，仅是功率不同而已。

1. 控制功能

隧道通风换气所用射流风机控制系统由风机电动机（三相异步双速电动机）、电源和控制配电箱等构成。正常运行时射流风机低速运转，当发生火灾产生浓烟时，射流风机需高速运转，将浓烟快速排除。当电动机、控制电路出现短路故障时，控制系统应能够立即切断电源，起到短路保护作用，同时还应有防止操作人员发生触电事故的安全措施。

射流风机的控制配电箱安装在该设备附近，其电源从隧道管理站变配电室配电箱引入，通过控制配电箱后由电缆引入射流风机。

2. 控制电路

射流风机由配电箱控制，采用断路器作电源开关，通过接触器换接电动机定子绕组接法，以实现双速运行。其控制电路的电路图如图 9-2 所示，它是由三相交流电源（L1、L2、L3），低压熔断器 FU1 和 FU2，断路器 QF，接触器 KM1、KM2、KM3，中间继电器 KA，时间继电器 KT 和三相异步双速电动机 M 等构成。当按下启动按钮 SB2 时，电动机为星形连接，低速启动运行；当按下启动按钮 SB3 时，电动机为三角形/双星形连接，低速启动高速运行。

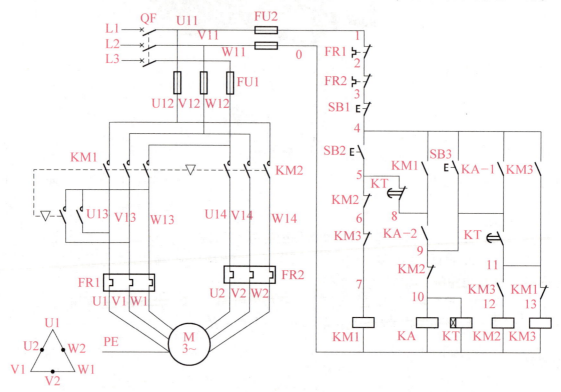

图 9-2　射流风机控制电路的电路图

任务知识库

一、三相异步电动机的调速方法

三相异步电动机的转速公式为

$$n = (1-s)n_0 = (1-s)\frac{60f}{p}$$

式中，n 为转子转速；n_0 为旋转磁场的同步转速；s 为转差率（一般三相异步电动机在空载时，s 约在 0.005 以下，在额定工作状态时，s 约在 0.02～0.06 之间）；f 为电源频率；p 为定子绕组的磁极对数。

由转速公式可知，改变异步电动机转速可通过三种方法来实现：一是改变电源频率 f；二是改变磁极对数 p（这种调速方法只适用于笼型异步电动机，不适用于绕线型异步电动机，因为笼型异步电动机的转子磁极对数可以随着定子磁极对数的改变而改变，而绕线型异步电动机的转子绕组在转子嵌线时就已经确定了磁极对数，一般情况很难改变磁极对数）；三是改变转差率 s（如定子调压调速、转子回路串电阻调速和串级调速，转子回路串电阻调速和串级调速只适用于绕线型异步电动机）。

多速电动机可以通过控制电路，在不拆开电动机的情况下方便地改变电动机转速，一般用于电动机转速要求可变而又不需要无级变速的情况下。双速电动机大部分是在设计电动机时考虑了尽可能只通过改变电动机端部接线，就可改变定子旋转磁场磁极对数，从而改变电动机转速，具有效率高、启动转矩大、噪声低、振动小等优点，使用得当可以大幅度降低耗电量。在机床、火力发电、矿山、冶金、纺织、印染、化工、农机等工农业部门得到广泛的应用。

二、双速异步电动机定子绕组的连接

双速异步电动机三相定子绕组的三角形/双星形接线图如图9-3所示。图9-3（a）中把电动机三相定子绕组的 U1、V1、W1 三个接线端子分别接三相交流电源 L1、L2、L3，U2、V2、W2 三个接线端子空着，则三相定子绕组为三角形连接，电动机磁极对数 $p=2$，同步转速为 1 500 r/min。图9-3（b）中把电动机三相定子绕组的 U2、V2、W2 三个接线端子接三相交流电源 L1、L2、L3，U1、V1、W1 三个接线端子短接，则三相定子绕组为双星形连接，电动机磁极对数 $p=1$，同步转速为 3 000 r/min。双速异步电动机用双星形接法时转速比用三角形接法时升高了一倍，但功率提高却不多，故这种调速法为恒功率调速。

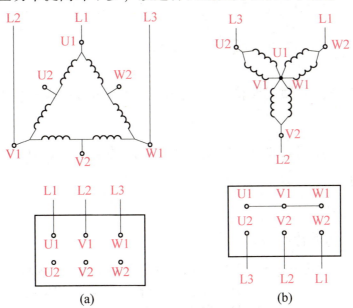

图 9-3　双速电动机三相定子绕组三角形/双星形接线图

（a）低速——三角形接法（4极）；（b）高速——双星形接法（2极）

值得注意的是，双速电动机定子绕组从一种接法改变为另一种接法时，必须把电源相序反接，以保证电动机的旋转方向不变。

三、双速异步电动机控制电路

1. 接触器控制双速异步电动机控制电路

用按钮和接触器控制双速异步电动机控制电路的电路图如图9-4所示。其中SB1、KM1控制电动机低速运转；SB2、KM2、KM3控制电动机高速运转。

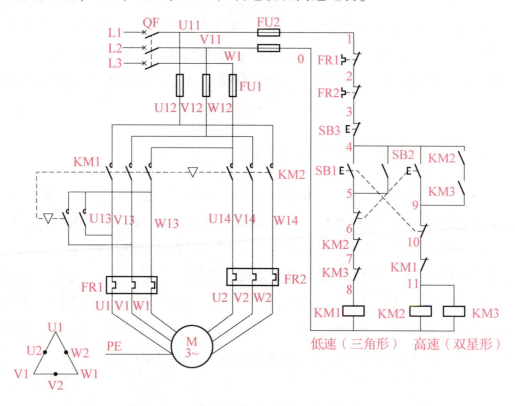

图9-4　双速异步电动机控制电路的电路图

参考按钮、接触器双重联锁正反转控制电路的原理分析方法来分析本电路工作原理。

2. 时间继电器控制双速异步电动机控制电路

用按钮、时间继电器控制双速异步电动机控制电路的电路图如图9-2所示。

电路工作原理如下。

（1）合上电源开关QF。

（2）三角形低速启动运转：

按下SB2→KM1线圈得电─┬→KM1联锁触点分断对KM3联锁，KM3不得电又使KM2不得电
　　　　　　　　　　　├→KM1自锁触点闭合──→电动机M接成三角形低速启动运转。
　　　　　　　　　　　└→KM1主触点闭合──

（3）从三角形低速启动变为双星形高速运转：

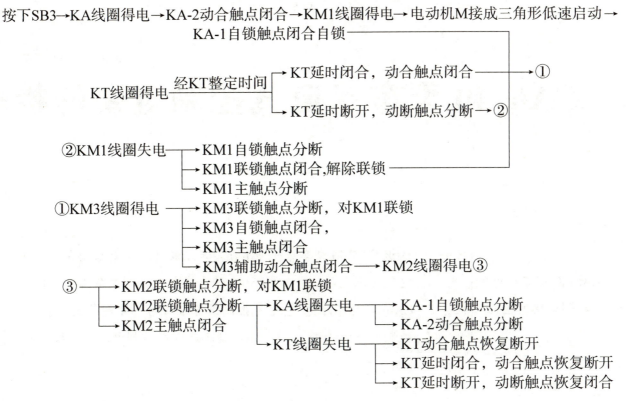

KM2 和 KM3 主触点都闭合，电动机 M 接成双星形高速运转。

（4）停止时，按下 SB1 即可。

若电动机只需高速运转，则可直接按下 SB3，则电动机接成三角形低速启动后，再接成双星形高速运转。

项目十

CA6140 型车床电气控制电路的检修

知识树

CA6140 型车床电气控制电路的检修
- 任务 1 认识 CA6140 型车床电气控制电路
  - CA6140 型车床及其控制电路简介
  - CA6140 型车床电气控制电路工作原理
- 任务 2 CA6140 型车床电气控制电路的检修
  - 电气控制设备维修的一般要求及方法
  - CA6140 型车床电气控制电路常见故障的检修

项目目标

1. 了解 CA6140 型车床的用途、基本结构及控制方式。
2. 掌握 CA6140 型机床的主要工作原理。
3. 掌握 CA6140 型车床的常见故障及处理方法。
4. 熟悉电气控制电路故障维修的常用测量法。
5. 培养学生的安全文明生产意识、质量意识和团队协作精神。

项目描述

在校企合作车间,有一台型号为 CA6140 型的车床(见图 10-1)出现故障,为了减少该设备对生产的影响,需要及时排除故障,恢复设备生产,确保按时完成生产任务。现工厂委托同学们帮他们排除该车床故障,使其能够恢复运转。希望同学们通过学习完成任务,维修任务单见表 10-1。

图 10-1　CA6140 型车床

表 10-1 维修任务单

维修任务	维修 CA6140 型车床	派工日期	年	月	日
维修人员		完成日期	年	月	日
签收人		签收日期	年	月	日
工作内容	1. 检修 CA6140 型车床的电气故障 2. 检修完成后，进行检验和通电试车，合格后交付该车间使用 3. 将相关技术资料交付车间档案室归档保存					
器材申领	该项由维修人员填写： 　　　　　　　　　　　　　　　　　　　　　　　　维修人员：					
任务验收	填写设备的主要验收技术参数和功能实现，由维修负责人填写： 　　　　　　　　　　　　　　　　　　　　　　　　维修负责人：					
车间负责人评价	负责人签字：					

项目分析

车床是一种广泛应用的金属切削型机床，可用于车削外圆、内圆、端面和加工螺纹、螺杆等，在装上钻头或铰刀时还可用于钻孔和铰孔等方式加工。由于车床结构组成及操作步骤相对比较复杂，需要能够识读电气控制电路原理图并能分析其工作原理，才能完成相关任务检修。

CA6140 型车床是一种最为常见的普通车床，其电气控制电路由三台电动机构成：M_1 为主轴电动机，拖动车床主轴旋转，并通过进给机构实现车床的进给运动；M_2 为冷却泵电动机，拖动冷却泵在切削过程中为刀具和工件提供冷却液；M_3 为刀架快速移动电动机。整个电路由主电路和辅助电路组成。

任务1　认识 CA6140 型车床电气控制电路

 学习目标

1. 了解 CA6140 型车床的基本结构及控制要求。
2. 掌握 CA6140 型车床的电气控制电路的组成及动作原理。
3. 严格遵守 CA6140 型车床的安全操作规程，养成良好的职业道德和素养。

任务描述

以小组为单位,仔细观察 CA6140 型车床的各个部位,收集并阅读相关技术资料,熟悉车床型号的含义及各部分组成,结合说明书操作按钮,仔细观察车床动作,熟悉其工作方式,分析其电路图,探究其动作原理,探究结束,按步骤停机、归位,整个过程要求团队协作、主动探究、严谨细致、精益求精。

任务知识库

一、CA6140 型车床及其控制电路简介

1. 型号含义

CA6140 型车床的型号含义如下:

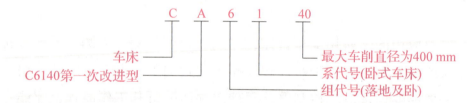

2. 结构及组成

CA6140 型车床的结构及组成如图 10-2 所示。

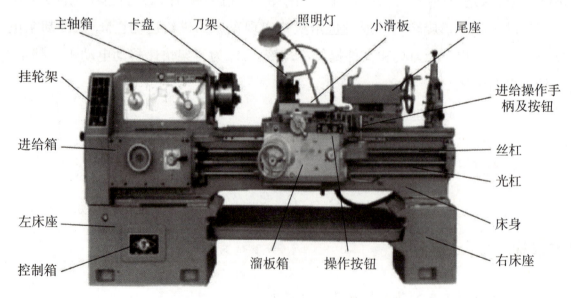

图 10-2　CA6140 型车床的结构及组成

3. 主要运动形式及控制要求

CA6140 型车床的主要运动形式及控制要求如图 10-3 所示。

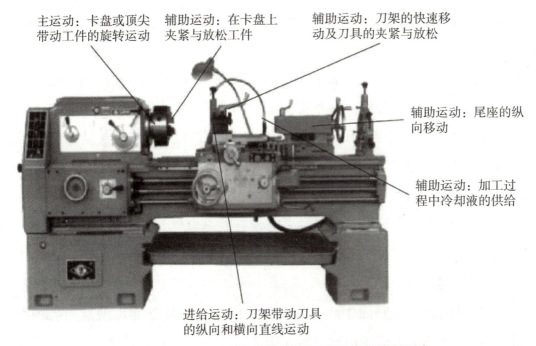

图 10-3　CA6140 型车床的主要运动形式及控制要求

4. 识读 CA6140 型车床电气控制电路的电路图

CA6140 型车床电气控制电路的电路图如图 10-4 所示。

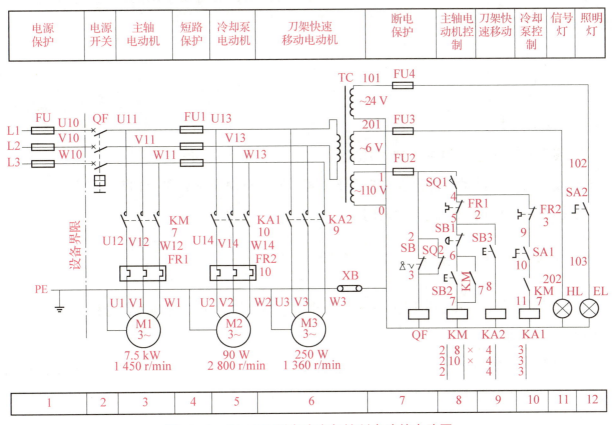

图 10-4　CA6140 型车床电气控制电路的电路图

电路功能区域的划分是将机床电气控制电路的电路图按照电路的功能划分为若干个单元，并用文字将其功能标注在电路图上部的名称栏内。

CA6140 型车床电气控制电路的电路图中，上部按功能依次划分为电源保护、电源开关、主轴电动机等 12 个单元。

电路图区的划分是在电路图的下部，以一条回路或一条支路为单位划分成若干图区，并从左向右依次用阿拉伯数字编号标注在下部图区栏内。

CA6140 型车床电气控制电路的电路图中，一共划分了 12 个图区。

例如：图区"1"对应电源保护电路；图区"2"对应主轴电动机 M1 的主电路；

在机床电气控制电路原理图中，对于接触器、中间继电器等电气元件，在它们的触点文字符号下方用数字标注线圈图区号，其目的是方便查找该电气元件线圈所在的图区号。

例如：CA6140 型车床电气控制电路的电路图中，在图区 5 中有"$\frac{KA1}{10}$"，表示中间继电器 KA1 的线圈在"10"号图区。

在机床电气控制电路的电路图中，电气元件线圈下方标注该元件触点所处的图区，其目的是便于分析该电气元件触点使用情况及所在图区。

其标注方法是在电路图中，对于每个接触器，在其线圈下方画出两条竖直线，分成左、中、右三栏；对于每个继电器，在其线圈下方画出一条竖直线，分成左、右两栏。将受其线圈控制而动作的各个触点所处的图区号填入相应的栏内，对备而未用的触点，在相应的栏内用记号"×"标出或不标出任何符号。

例如：
```
        KM
    2 |  8 | X
    2 | 10 | X
    2 |    |
```

左栏表示三对主触点均在"2"号图区；

中栏表示一对辅助动合触点在"8"号图区，另一对动合触点在"10"号图区；

右栏表示两对辅助动断触点均未用。

二、CA6140 型车床电气控制电路工作原理

CA6140 型车床电气控制电路由主电路和辅助电路组成，下面对其进行分析。

1. 主电路分析

主电路中低压断路器 QF 作为车床的电源总开关，向上扳动断路器 QF，使其触点闭合接通电源。主电路的电路图如图 10-5 所示。

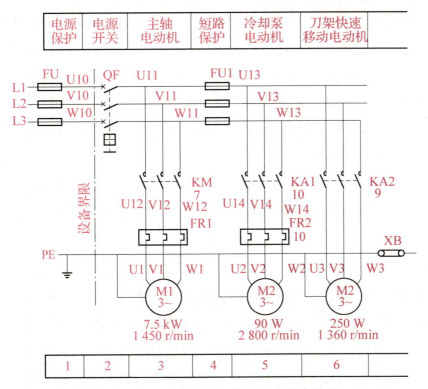

图 10-5　CA6140 型车床主电路的电路图

2. 辅助电路分析

辅助电路的电路图如图 10-6 所示。

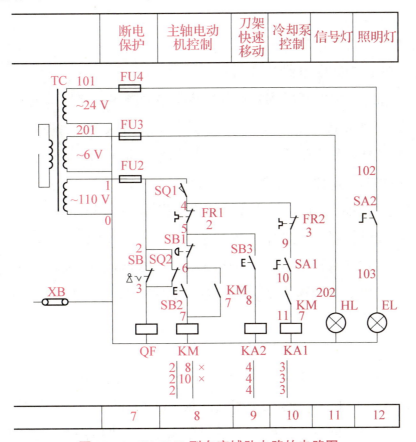

图 10-6　CA6140 型车床辅助电路的电路图

车床的辅助电路由变压器 TC 输出 110 V 交流电压供电，由熔断器 FU2 作短路保护。

1）断电联锁保护

开关 SB 和位置开关 SQ2 的动断触点（6 区）并联后与断路器 QF 的线圈（6 区）串联。在正常工作时，SB 和 SQ2 的动断触点是断开的，QF 线圈不通电，断路器能合闸。

打开配电箱门时，SQ2 的动断触点闭合，QF 线圈得电，断路器 QF 自动断开，切断整个控制电路的电源，达到安全保护的目的。

在正常工作时，位置开关 SQ1 的动合触点（7 区，2-4）闭合。打开床头传动皮带罩后，SQ1 动合触点将断开，切断控制电路的电源，使三台电动机均不能工作，以确保人身和设备的安全。

2）主轴电动机 M1 的控制

合上电源开关 QF 后，按下启动按钮 SB2，接触器 KM 线圈（7 区）得电，辅助动合触点（8 区，6-7）闭合自锁，KM 主触点闭合（2 区），主轴电动机 M1 启动，同时另一个辅助动合触点（10 区，10-11）闭合，为中间继电器 KA1 线圈（10 区）得电作准备。

按下停止按钮 SB1，接触器 KM 线圈失电，辅助常开触点断开，主触点断开，主轴电动机 M1 失电停转。

当主轴电动机 M_1 在运行过程中出现过载时，热继电器 FR①动作，其动断触点（7 区，4-5）断开，接触器 KM 线圈失电，其主触点分断将主轴电动机 M1 电源切断，防止主轴电动机 M1 因过载运行而发热烧毁。

3）冷却泵电动机 M2 的控制

冷却泵电动机 M2 由中间继电器 KA1 控制。

主轴电动机 M1 和冷却泵电动机 M2 采用控制电路的顺序控制，只有当主轴电动机 M1 启动，其辅助动合触点闭合（10 区，10-11）后，旋转旋钮开关 SA1，冷却泵电动机 M2 才能启动。当电动机 M1 停止或断开旋钮开关 SA1 时，冷却泵电动机 M2 立即停止。

4）刀架快速移动电动机 M3 的控制

刀架快速移动电动机 M3 的启动是由安装在进给操作手柄顶端的按钮 SB3 控制，它与中间继电器 KA2 组成点动控制环节。刀架前、后、左、右方向的改变，是由进给操作手柄配合机械装置来实现的。需要快速移动时，按下按钮 SB3，KA2 线圈（9 区）得电吸合，电动机 M3 启动运转，刀架沿指定的方向快速移动。由于刀架快速移动电动机 M3 是点动（手动）工作，故未设过载保护。

5）CA6140 型车床的照明、信号灯电路分析

由控制变压器 TC 输出的 24 V、6 V 交流电压，作为车床低压照明灯和信号灯的电源。

EL 为车床的低压照明灯，由开关 SA 控制；照明灯 EL 的另一端必须接地，以防止照明变压器初级绕组和次级绕组之间发生短路时引发触电事故；熔断器 FU4 是照明电路的短路保护电器。

HL为电源信号灯，采用6 V交流电压供电，HL亮表示控制电路正常。

任务 2　CA6140型车床电气控制电路的检修

学习目标

1. 熟悉电气控制电路故障维修的思路和方法。
2. 掌握CA6140型车床的常见故障及处理方法。
3. 培养学生的安全文明生产意识、质量意识和团队协作精神。

任务描述

在校企合作的车间里，有很多车床正在加工生产，其中有一台CA6140型车床出现故障，为了保证按时交付订单，需要马上排除故障，恢复生产。现工厂委托同学们为他们的CA6140型车床排除故障，使其能够正常运转，希望同学们通过学习完成任务。

任务知识库

一、电气控制设备维修的一般要求及方法

1. 电气控制设备维修的一般要求

（1）采用的维修步骤及方法必须正确、高效、切实可行。
（2）不得随意更换电气元件及连接导线的型号与规格，不得随意损坏电气元件。
（3）不得随意更改原有线路。
（4）电气控制设备的各种保护性能、绝缘电阻等必须达到设备出厂前的安全要求。

2. 电气控制设备维修的一般方法

1）故障维修前调研

当电气控制设备发生故障后，不能直接动手维修。应通过问、看、听、摸、闻等方式来详细了解故障前后的操作情况及故障发生后出现的异常现象，便于根据故障现象判断出故障发生的部位，进而精准排除故障。

2）用逻辑分析法初步确定故障范围

对发生故障的电气控制设备，不可能对其控制电路进行全面的检查。可以根据电气控制电路的电路图，采用逻辑分析法，对具体现象作具体的分析，划出故障可能的范围。

通常是先从主电路入手，分析与电动机等电气设备有关的控制电器；然后根据主电路中

电动机等电气设备所用的电气元件，找到相应的控制电路。在此基础上，结合故障现象和电路的工作原理，进行认真的分析排查，确定故障的范围。

对比较熟悉的电气控制电路，可不必按部就班逐级检查，可在故障范围内的某个中间环节先进行检查，查明故障原因，提高维修效率。

3）进行必要的外观检查

在确定故障范围后，可对该范围内的所有电气元件、连接导线等进行外观检查。如熔断器的熔体、接触器的线圈、位置开关的安装位置等进行必要的检查，既保证安全也可以发现故障。

4）用试验法进一步缩小确定故障范围

当外观检查不能发现故障部位时，可根据故障现象，结合电气控制电路的电路图分析故障原因，在不扩大原有故障和保证安全的前提下，进行直接通电试验或切断负载通电试验，以分清故障可能是电气部分还是机械部分或其他部分。

一般情况下，先检查控制电路，其方法是：操作某一只按钮或开关时，控制电路中相关的接触器、继电器应按规定的动作顺序动作。若依次动作到某一电气元件时，发现动作不符合要求，即说明该电气元件或与其相关电路有故障。再在此电路中进行逐项分析和检查，一般就能发现故障。当控制电路的故障排除后，再接通主电路，检查控制电路对主电路的控制效果，观察主电路的工作情况有无异常等。

在通电试验时，必须注意人身安全和设备安全。要遵守安全用电操作规程，不得随意触及带电部分，要尽可能切断电动机等电气设备在主电路的电源，只在控制电路带电的情况下进行检查；如需电动机等电气设备运行，则应使电动机等电气设备在空载情况下运行，以避免生产机械的运动部分发生误动作和碰撞；要暂时隔断有故障的主电路，以防故障扩大，并预先充分估计到局部线路动作后可能发生的不良后果。

5）查找故障点

选择合适的方法查找故障点，常用的查找方法有直观法、电阻测量法、电压测量法、短接法等。查找故障点必须在确定的故障范围内，顺着维修思路逐步、逐点检查，慢慢缩小范围，直到找出故障点为止。

6）检查是否存在机械、液压等故障

由于许多电气元件的动作是由机械或液压来推动的，或与它们有密切关系，所以在维修电气控制设备故障的同时，应检查、调整和排除机械、液压部分的故障或与机修工配合完成。

7）排除故障

针对不同故障情况和部位采取正确的方法修复故障。对更换的新元件，要注意尽量采用与旧元件规格、型号相同的元件，并进行性能检测，确认性能完好后方可替换。在故障排除中，还要注意避免损坏周围的电气元件、导线等，防止故障扩大。

8）维修后的善后工作

当故障排除后，就应做修复、试运转、故障记录等善后工作。

（1）故障维修不仅要查出故障点、排除故障，还应查明产生故障的原因，然后采取有效的措施将产生故障的原因排除，以免以后再次发生类似的故障。

（2）维修时，不能采用改动电气控制电路或更换不同规格的电气元件的方法，以防产生人为故障。

（3）试运行时，应与操作工配合完成。

（4）每次排除故障后，应及时总结经验，并做好维修记录。

二、CA6140 型车床电气控制电路常见故障的检修

CA6140 型车床电气控制电路常见故障的检修见表 10-2。

表 10-2 CA6140 型车床电气控制电路常见故障的检修

故障现象	故障原因	检修方法
主轴电动机 M1 不能启动	（1）FU 熔断、QF 接触不良、KM 主触点接触不良、连接导线接触不良、主轴电动机 M1 损坏。 （2）SQ1、FR1、SB1、SB2、KM 线圈、TC 损坏或接触不良、连接导线接触不良、FU1 熔断	首先检查 KM 是否吸合。 若 KM 吸合，则故障发生在主电路。 （1）断开 QF，用万用表电阻挡检测 KM 主触点、连接导线、电动机 M1、FR1 发热元件。断开 L1、L2、L3 三相总电源，用万用表电阻挡检测 FU、QF。查找故障部位，修复或更换元件。 （2）合上 QF，用万用表交流挡（500 V）测 U10、V10、W10 之间电压，U11、V11、W11 之间电压，U12、V12、W12 之间电压，U1、V1、W1 之间电压，根据电压是否正常找出故障部位。 若 KM 不吸合。 （1）信号灯亮，则故障发生在控制电路，断开 QF，取下 FU2 熔断管，用万用表电阻挡检测 SQ1、FR1、SB1、SB2、KM 线圈、TC 线圈，查找故障部位，修复或更换元件。 （2）信号灯不亮，则故障发生在电源电路，合上 QF，用万用表交流挡（500V）测 U13、V13 之间电压，U11、V11 之间电压，U10、V10 之间电压，根据电压是否正常找出故障部位，修复或更换元件
主轴电动机 M1 不能自锁	接触器 KM 的自锁触点接触不良或连接导线松脱	断开 QF，用万用表电阻挡检测 KM 自锁触点（6、7）及相关连线。 或者合上 QF，用电压测量法测 KM 自锁触点两端的电压，若电压正常，则故障是自锁触点接触不良；若无电压，则故障是连线（6、7）断线或接触不良
主轴电动机 M1 不能停止	KM 主触点熔焊；停止按钮 SB1 被击穿或线路中 5、6 两点连接导线短路；KM 铁芯端面被油垢粘牢不能脱开	断开 QF，若 KM 释放，则故障是停止按钮 SB1 被击穿或导线短路；若 KM 过一段时间释放，则故障是铁芯端面被油垢粘牢；若 KM 不释放，则故障是 KM 主触点熔焊。用电阻测量法检测有关元件，找出故障部位，修复或更换元件
主轴电动机运行中停车	热继电器 FR1 动作，动作原因可能是：电源电压不平衡或过低；整定值偏小；负载过重，连接导线接触不良等	用观察法、电压测量法及电阻测量法找出 FR1 动作的原因，排除后使其复位

续表

故障现象	故障原因	检修方法
照明灯 EL 不亮	灯泡损坏；FU4 熔断；SA 触点接触不良；TC 二次绕组断线或接头松脱；灯泡和灯头接触不良等	用观察法、电压测量法及电阻测量法找出故障部位，修复或更换元件

1. 工具仪表及器材

（1）螺钉旋具、尖嘴钳、剥线钳、斜口钳、压线钳等电工工具。

（2）万用表、兆欧表、钳形电流表、测电笔等测量工具。

（3）导线、针形及 U 形接线端子等耗材器件。

2. 实训内容与步骤

（1）在操作师傅的指导下对车床进行操作，熟悉车床的主要结构和运动形式，了解车床的各种工作状态和操作方法。

（2）对照电路图观察车床电器元件的实际位置和布线情况。

（3）检修步骤：

①根据车床电气控制电路的电路图，熟悉车床各电气元件的分布位置和型号参数；

②用试验法观察故障现象，主要观察电动机、接触器、继电器等动作情况，若发现异常，应及时切断电源检查；

③用逻辑分析法缩小故障范围，并在电路图中标出故障的最小范围；

④用测量法等检测方法正确、迅速地找出故障点（测量方法自主选择）；

⑤根据故障点的不同情况，采取正确的修复方法，迅速排除故障；

⑥故障排除后再通电测试；

⑦维修结束后，应填写维修记录单，做好维修记录。

3. 注意事项

（1）检修前要认真识读分析电路图，判断故障范围。

（2）按照检修步骤和检查方法进行检修。

（3）检修时，正确使用工具和仪表，选择合适挡位及量程，防止扩大故障造成人身伤害及设备损坏。

（4）停电要验电，带电检修时，必须有指导教师在现场监护，以确保人身和设备安全。

知识拓展

中国是制造业大国，也是机床生产大国。随着科技的不断发展，数控机床的发展逐步走向高性能、多功能、定制化、智能化和绿色化，全国乃至全世界对高端机床的需求逐年提升，对高技术性工人的需求越来越多，要求也越来越高，所以请同学们抓住机遇，努力学习，不断地充实自己，争当新时代的大国工匠！

项目十一

M7130 型平面磨床电气控制电路的检修

知 识 树

M7130 型平面磨床电气控制电路的检修 ｛ 任务 1　认识 M7130 型平面磨床电气控制电路 ｛ 结构及运动形式
识读电路图
任务 2　M7130 型平面磨床电气控制电路的检修

项目目标

1. 了解 M7130 型平面磨床的基本结构及运动形式。
2. 掌握 M7130 型平面磨床电气控制电路的基本组成及电气吸盘的工作原理。
3. 掌握 M7130 型平面磨床的常见故障及维修方法。
4. 培养学生的安全文明生产意识、质量意识和团队协作精神。

项目描述

校企合作工厂机加工车间有大量机床，为保证设备的正常运行，需要人员能熟悉设备的原理、操作和特点，能够对其进行定期巡检，并能在第一时间对出现故障的设备进行及时检修。今有一台 M7130 型平面磨床（见图 11-1）出现故障，为避免影响生产，车间负责人请求本校师生尽快修复机床故障，恢复生产。

图 11-1　M7130 型平面磨床

项目分析

平面磨床是用砂轮磨削加工各种零件的平面，根据用途不同可分为多种形式。M7130型平面磨床是平面磨床中使用较普遍的一种，工作时，被加工工件通常被工作台上的电磁吸盘牢牢吸住，通过砂轮的旋转运动进行磨削加工，该设备具有平面磨削精度及光洁度高、操作方便的特点，适用于磨削精密零件及各种工具，亦可作镜面磨削。

任务1　认识M7130型平面磨床电气控制电路

学习目标

1. 了解M7130型平面磨床的基本结构及运动形式。
2. 掌握M7130型平面磨床电气控制电路的基本组成及工作原理。
3. 遵守安全操作规程，养成良好的职业道德和素养。

任务描述

以小组为单位，仔细观察M7130型平面磨床的各个部位，收集并阅读相关技术资料，熟悉磨床型号的含义及各部分组成，结合师傅的操作，观察车床动作，熟悉其工作方式，探究其动作原理，整个过程要求团队协作、主动探究、严谨细致、精益求精。

任务知识库

一、结构及运动形式

1. 型号含义

M7130型平面磨床的型号含义如下：

2. 结构及组成

M7130型平面磨床的结构及组成如图11-2所示。

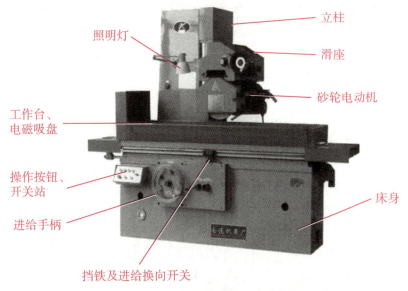

图 11-2　M1730 型平面磨床的结构及组成

3. 主要运动及控制要求

（1）砂轮的旋转运动（主运动）：单向旋转，可直接启动，无调速和制动。

（2）工作台的纵向往复运动：装在床身水平纵向导轨上的矩形工作台的往复运动，是由液压泵电动机 M3 拖动液压泵，靠液压传动实现的。

（3）砂轮架的横向进给：砂轮架沿着滑座上的水平导轨作横向移动。

（4）砂轮架的升降运动：滑座沿着立柱的导轨做垂直上下移动。

（5）切削液的供给：冷却泵电动机 M2 拖动切削泵旋转，砂轮电动机 M1 和冷却泵电动机 M2 要实现顺序控制。

（6）电磁吸盘的控制：将工件吸附在电磁吸盘上进行加工。

二、识读电路图

1. 主电路分析

QF 为三相交流电源接通电源开关，熔断器 FU1 作短路保护，主电路中有三台电动机分别是：砂轮电动机 M1、冷却泵电动机 M2、液压泵电动机 M3，其主电路分析如表 11-1 所示。

表 11-1　主电路分析

名称与代号	作用	控制电器	过载保护电器	短路保护电器
砂轮电动机 M1	驱动砂轮高速旋转	交流接触器 KM1	热继电器 FR1	熔断器 FU1
冷却泵电动机 M2	输送冷却液	交流接触器 KM1 和接插器 X1	无	熔断器 FU1
液压泵电动机 M3	为液压系统提供动力	交流接触器 KM2	热继电器 FR2	熔断器 FU1

2. 控制电路分析

M7130 型平面磨床的控制电路如图 11-3 所示。

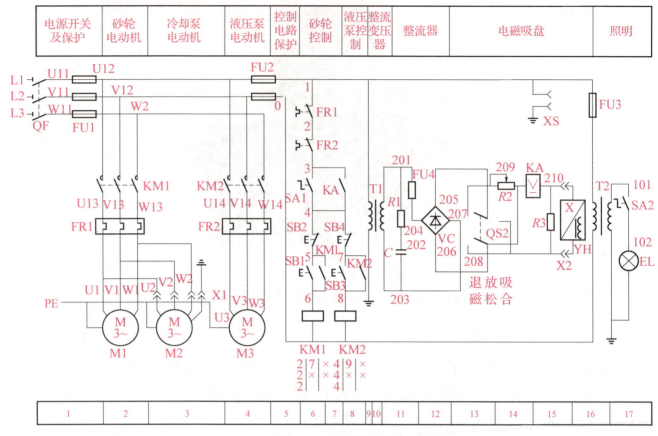

图 11-3 控制电路

1) 砂轮电动机 M1 的控制

合上电源开关 QF，将转换开关 SA1 打到"吸合"挡位，欠电流继电器 KA 的动合触点（8 区，3-4）闭合，为砂轮电动机 M1 和液压泵电动机 M3 的启动做好准备。

砂轮电动机 M1 采用接触器自锁正转控制电路。按下砂轮电动机 M1 启动按钮 SB1，接触器 KM1 线圈（6 区）得电吸合并自锁（7 区，5-6），砂轮电动机 M1 启动。若按下停止按钮 SB2，接触器 KM1 线圈失电释放，砂轮电动机 M1 断电后停转。

2) 液压泵电动机 M3 的控制

液压泵电动机 M3 也采用了接触器自锁正转控制电路。按下启动按钮 SB3，接触器 KM2 线圈（8 区）得电吸合并自锁（9 区，7-8），液压泵电动机 M3 启动。若按下停止按钮 SB4，接触器 KM2 线圈失电释放，液压泵电动机 M3 失电后停转。

3) 冷却泵电动机 M2 的控制

冷却泵电动机 M2 与砂轮电动机 M1 要在主电路中实现顺序控制。当砂轮电动机 M1 启动后，插上接插器 X1，冷却泵电动机 M2 才能立即启动运行，当砂轮电动机停止运行时，冷却泵电动机 M2 同时随之停止。

4) 电磁吸盘与三台电动机之间的电气联锁

在 M7130 型平面磨床中，要求电磁吸盘与三台电动机 M1、M2、M3 之间设置电气联锁保护，即只有电磁吸盘工作电流正常后，三台电动机才能启动；当电磁吸盘突然断电或欠压时，三台电动机应立即停止。因此，在控制电路的 3-4 线端间并接了欠电流继电器 KA 的动合触点（8 区，3-4），三台电动机启动的前提条件是 KA 的动合触点闭合。

欠电流继电器 KA 的线圈（14 区）串接在电磁吸盘 YH（15 区）的工作回路中，所以只有当电磁吸盘得电工作时，欠电流继电器 KA 线圈得电吸合，才能接通电动机的控制回路，保证安全。

5）M7130 型平面磨床电磁吸盘电路分析

M7130 型平面磨床电磁吸盘的外形、结构示意如图 11-4 所示。

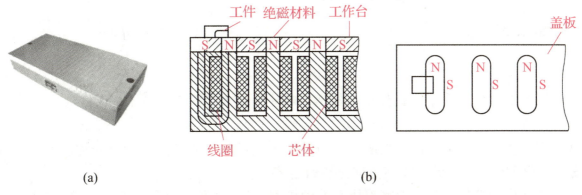

图 11-4　电磁吸盘外形、结构示意

电磁吸盘是装夹在工作台上用来固定磁性工件的一种夹具，其外壳一般是钢制箱体，中间的芯体上缠绕线圈，盖板用钢板制成，钢制盖板用非磁性材料分隔成若干个小块，当线圈通上直流电后，吸盘的芯体被磁化，产生磁场，工件被吸牢。

电磁吸盘与机械夹具相比，具有夹紧迅速、操作快速简便、不损伤工件、一次能吸牢多个小工件，以及在磨削工件发热时可自由伸缩、不会变形等优点；其缺点是只能吸牢磁性材料的工件，不能吸牢非磁性材料的工件。

6）M7130 型平面磨床照明电路分析

照明电源由控制变压器 T2 将 380 V 降为 36 V 供给照明电路。EL 为照明灯，由开关 SA2 控制，一端线路接地实现接地保护，熔断器 FU3 作为照明电路的短路保护。

任务 2　M7130 型平面磨床电气控制电路的检修

学习目标

1. 熟悉 M7130 型平面磨床上各元器件型号参数。
2. 掌握 M7130 型平面磨床的常见故障及处理方法。
3. 熟悉电气控制电路故障维修的常用测量法。
4. 培养学生的安全文明生产意识、质量意识和团队协作精神。

任务描述

校企合作工厂机加工车间有大量机床，为保证设备的正常运行，需要人员能熟悉设备的原理、操作和特点，对其进行定期巡检，并能在第一时间对出现故障的设备进行及时检修、排除故障。现有一台型号为 M7130 型平面磨床出现故障，为避免影响生产，车间负责人请求本校师生尽快修复机床恢复生产。

任务知识库

1. 调试 M7130 型平面磨床的方法和步骤

（1）根据电动机的功率进行热继电器整定电流值及欠电流继电器 KA 吸合电流的调整。

（2）检查无误后，合上电源开关 QF，接通总电源。

（3）将转换开关 SA1 打到"退磁"挡位，按下启动按钮 SB1，使砂轮电动机 M1 转动，立即按下按钮 SB2，观察砂轮旋转方向是否符合要求。

（4）按下启动按钮 SB3，观察液压泵电动机 M3 带动工作台运行情况，正常后，按下停止按钮 SB4，液压泵停止。

（5）合上 QF，将转换开关 SA1 打到"吸合"挡位，检查电磁吸盘对工件的吸引是否牢固可靠。

2. 电气控制设备维修的一般方法

（1）故障维修前调研。

（2）进行必要的外观检查。

（3）用逻辑分析法初步确定故障范围。

（4）用试验法进一步缩小故障范围。

（5）查找故障点。

（6）排除故障。

（7）维修后的完善、整理等工作。

3. M7130 型平面磨床电气控制电路常见故障检修

M7130 型平面磨床电气控制电路常见故障检修如表 11-2 所示。

表 11-2　M7130 型平面磨床电气控制电路常见故障检修

故障现象	故障原因	处理方法
三台电动机均不能启动	欠电流继电器 KA 的常开触头和转换开关 SA1 的触头接触不良、接线松脱，使电动机的控制电路处于断电状态	检查欠电流继电器 KA 的常开触头和转换开关 SA1 的触头的接触情况及接线情况，视情况维修或更换
砂轮电动机热继电器 FR1 经常误动作	（1）M1 发生堵转现象，电流增大，导致热继电器动作； （2）砂轮进刀量太大，电动机超负荷； （3）热继电器规格太小或整定电流过小	（1）清理、修理或更换电动机 M1； （2）选择合适的进刀量，防止电动机超载运行； （3）更换或重新整定热继电器
电磁吸盘退磁不良使工件取下困难	（1）退磁电路断路，根本没有退磁； （2）退磁电压过高； （3）退磁时间太长或太短	（1）检查转换开关 SA1 接触是否良好，退磁电阻 R_2 是否损坏； （2）应调整电阻 R_2； （3）根据不同材质掌握好退磁时间

4. 工具仪表及器材

（1）螺丝刀、尖嘴钳、剥线钳、斜口钳、压线钳等电工工具。

（2）万用表、兆欧表、钳形电流表、测电笔等测量工具。

（3）导线、针形及 U 形接线端子、接触器等耗材器件。

5. 实训内容与步骤

（1）在操作师傅的指导下对车床进行简单操作，熟悉车床的主要结构和运动形式，了解车床的各种工作状态和基本操作方法。

（2）对照原理图观察车床电器元件的实际位置、型号规格和布线情况。

（3）检修步骤：

①先断电，再根据车床电气控制电路的电路图，熟悉车床电气控制柜各电气元件的分布位置和走线情况；

②用试验法观察故障现象，若发现异常，应及时切断电源检查，防止扩大故障；

③用逻辑分析法缩小故障范围，并在电路图中标出故障的最小范围；

④用仪表正确、迅速地找出故障点（测量方法自主选择）；

⑤根据故障点的不同情况，采取正确的修复方法，迅速排除故障；

⑥故障排除后再通电测试；

⑦维修结束后，应填写维修记录单，做好维修记录。

6. 注意事项

（1）检修前要结合故障现象认真识读分析电路图，确定故障范围。

（2）按照检修步骤和检查方法进行检修。

（3）检修时，正确使用工具和仪表，选择合适挡位及量程，防止造成人身及设备损坏。

（4）停电要验电，带电检修时，必须有指导教师或维修师傅在现场监护，以确保人身和设备安全。

（5）更换元器件时，应跟以前元器件规格参数相同，不得随意更改。

（6）检修结束，通电测试正常，执行 8S 标准，妥善处理。

知识拓展

1951 年，在美国诞生了世界第一台数控机床，成功地解决了复杂零件加工的自动化问题。1958 年，美国研发了自动换刀装置，成功地研制出第一台加工中心，实现了工件一次装夹即可多工序地集中加工。我国是机床生产大国，由于缺乏机床的部分核心技术，至今未能完全自主生产高端机床，导致我国制造业的发展容易受制于人。为此，希望同学们好好学习，提高自身的技术技能水平和创新能力，跻身制造业发展的洪流，为实现由制造大国到制造强国的转变增砖添瓦！

参考文献

[1] 杜德昌. 电气控制线路安装与检修 [M]. 2版. 北京：高等教育出版社，2021.

[2] 赵承荻，王玺珍. 电气控制线路安装与维修 [M]. 3版. 北京：高等教育出版社，2017.

[3] 沈柏民. 工厂电气控制设备 [M]. 2版. 北京：高等教育出版社，2020.

[4] 李振玉，杨九波. 电工实训 [M]. 北京：中国铁道出版社，2013.

[5] 谢京军. 电力拖动控制线路与技能训练 [M]. 6版. 北京：中国劳动社会保障出版社，2020.

目　　录

项目一　安全用电常识 ·· 1
　　任务 1　安全操作规程 ··· 1
　　任务 2　人体触电的相关知识 ·· 5

项目二　常用电工仪表的使用 ·· 9
　　任务 1　万用表的使用 ··· 9
　　任务 2　兆欧表、钳形电流表的使用 ·· 14

项目三　引风机控制电路的设计与安装——正转控制电路的设计与安装 ··············· 18
　　任务 1　认识低压断路器、按钮 ·· 18
　　任务 2　认识熔断器、热继电器 ·· 22
　　任务 3　认识交流接触器 ·· 27
　　任务 4　引风机控制电路的设计与安装 ·· 32

项目四　换气扇控制电路的设计与安装——接触器联锁正反转控制电路的设计与安装 ······ 40

**项目五　小车自动往返控制电路的设计与安装——自动往返正反转控制电路的
　　　　设计与安装** ··· 49
　　任务 1　认识位置开关和接近开关 ·· 49
　　任务 2　小车自动往返控制电路的设计和安装 ·· 53

项目六　两级传送带控制电路的设计与安装——顺序控制电路的设计与安装 ······· 61
　　任务 1　认识中间继电器 ·· 61
　　任务 2　顺序控制电路的设计与安装 ·· 65

**项目七　污水池自吸泵电动机控制电路的设计与安装——星–三角降压启动控
　　　　制电路的设计与安装** ··· 73
　　任务 1　认识时间继电器 ·· 73
　　任务 2　自吸泵电动机控制电路的设计与安装 ·· 78

项目八　立式铣床制动控制电路的检修——制动控制电路的设计、安装与维修 ··· 86
　　任务 1　起重机电磁抱闸制动器制动控制电路 ·· 86
　　任务 2　单向启动反接制动控制电路设计、安装与维修 ··· 90

项目九　交通隧道射流风机控制电路的设计与安装——双速电动机控制电路的设计与安装 ····· 97

项目十　CA6140 型车床电气控制电路的检修 ············ 105
任务 1　认识 CA6140 型车床电气控制电路 ············ 105
任务 2　CA6140 型车床电气控制电路的检修 ············ 110

项目十一　M7130 型平面磨床电气控制电路的检修 ············ 115
任务 1　认识 M7130 型平面磨床电气控制电路 ············ 115
任务 2　M7130 型平面磨床电气控制电路的检修 ············ 119

项目一 安全用电常识

任务 1 安全操作规程

一、任务描述

本任务是以小组为单位,收集相关资料,了解电工实训车间的安全操作规程,掌握电气火灾的防范及扑救常识,并做好记录。整个过程要求端正态度、严谨细致、精益求精。

二、任务分组

将班级学生分组,5 人一组,轮值安排生成组长,给每个人提供组织协调的平台,5 人分工明确,分别代表组长、任务总结汇报员、信息收集资料整理员、操作员、质检员。注意培养学生的团队协作能力。学生任务分组表见表 1-1。

表 1-1 学生任务分组表

班级		组号		任务	
组长		学号		指导老师	
组员	学号	角色指派			工作内容

三、任务引导

引导问题 1:通过自主学习,了解电工实训车间安全操作规程。

引导问题2：通过自主学习，了解引起电气火灾三种主要原因。

引导问题3：一旦发生电气火灾，第一步应该怎样做？

引导问题4：带电灭火时，应使用哪种类型的灭火剂？

四、工作计划

按照任务书要求和获取的信息，制订工作计划，分派任务并填入表1-1中。同时也要根据学习任务，将所需的工具、器件填入表1-2中。

表1-2 工具、器件计划清单

序号	名称	型号和规格	单位	数量	备注

五、任务实施

1. 领取工具、器件

根据表1-2的计划清单，领取工具、器件。

2. 操作步骤

根据课前对电工实训室安全操作规程的预习，通过讨论找出其中的重点注意事项。

1) 熟悉电气火灾的扑救方法

电气火灾一旦发生，首先要切断电源，然后灭火。但有时若等待切断电源后再进行扑救，就会有火焰蔓延的危险，或者断电后会严重影响生产，为了取得扑救的主动权，可以带电灭火，但必须注意以下几点。

①必须在确保安全的前提下进行，应使用不导电的灭火剂，如二氧化碳灭火剂、干粉灭火剂等，切忌用水或泡沫灭火剂；

②灭火人员要戴上绝缘手套、穿上绝缘靴进入灭火区域；

③灭火时防止触及导线及电气设备；

④在没有切断电源之前，要阻止没有绝缘防护措施的人员进入火灾现场，防止触电事故

的发生。

2)练习灭火器的使用

以二氧化碳灭火器为例,参照图1-1练习灭火器的使用。整个过程要求团队协作,动作规范,养成严谨细致的职业精神。

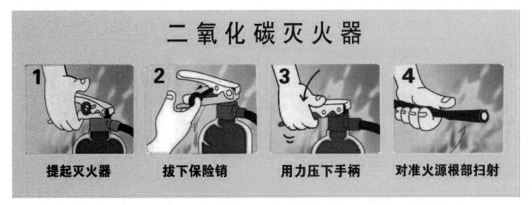

图1-1 灭火器的使用

使用步骤:

①提起灭火器;

②拔下保险销;

③用力压下手柄;

④对准火源根部沿顺风方向扫射灭火。

3. 概括总结

将各组观点进行归纳,总结任务的完成过程并提交阐述材料。

六、评价反馈

进行学生自评、组内互评、教师评价,完成考核评价表。考核评价表见表1-3。

表1-3 考核评价表

序号	评价项目	评价内容	分值	自评 30%	互评 30%	师评 40%	合计
1	职业素养 30分	分工合理,制订计划能力强,严谨认真	5				
		爱岗敬业、安全意识、责任意识、服从意识	5				
		团队合作、交流沟通	5				
		遵守行业规范、现场6S标准	5				
		主动性强,保质保量完成工作页相关任务	5				
		能采取多样化手段收集信息、解决问题	5				

续表

序号	评价项目	评价内容	分值	自评 30%	互评 30%	师评 40%	合计
2	专业能力 60分	熟知电工实训室安全操作规程	10				
		明确电气火灾产生的原因	10				
		明确电气火灾的防范常识	10				
		掌握电气火灾的扑救常识	10				
		会正确使用二氧化碳灭火器	20				
3	创新意识10分	创新性思维和行动	10				
		合计	100				

评价人签名：　　　　　　　　　　　　　　　　　　　　　　　　时间：

七、拓展提高

（一）知识闯关

1. 带电灭火时应使用不导电的灭火剂，如_____、_____、_____、_____。

2. 对于二氧化碳灭火器，在室外使用时，应选择_____方向喷射；在室内窄小空间使用时，灭火后操作者应_____以防窒息。

3. 二氧化碳灭火器的使用步骤分哪四步？

①_____、②_____、③_____、④_____。

（二）总结归纳

在本次任务实施过程中，给你印象最深的是哪件事？自己的职业能力有哪些明显提高？

_____

_____

_____

_____

（三）能力提升

认识其他种类灭火器材，并进行实地灭火演习，增强安全意识。

_____

_____

_____

任务 2　人体触电的相关知识

一、任务描述

人们在很多用电的场所，往往会发生不可避免的触电事故，一旦发生触电事故，很多人不知所措，有些人采取很多土方法，很少有人采用正确的方法——触电急救。

本任务是以小组为单位，收集相关资料，了解人体触电类型及常见原因，并做好记录。会应用安全用电常识，学会触电预防措施，掌握触电现场的处理措施。

二、任务分组

将班级学生分组，5人一组，轮值安排生成组长，给每个人提供组织协调的平台，5人分工明确，分别代表组长、任务总结汇报员、信息收集资料整理员、操作员、质检员。注意培养学生的团队协作能力。学生任务分组表见表1-4。

表1-4　学生任务分组表

班级		组号		任务	
组长		学号		指导老师	
组员	学号	角色指派		工作内容	

三、任务引导

引导问题1：通过自主学习，了解人体触电类型。

常见的触电类型分为三种：＿＿＿＿＿＿、＿＿＿＿＿＿、＿＿＿＿＿＿。

引导问题2：通过自主学习，掌握什么是单相触电。

引导问题 3：通过自主学习，掌握什么是两相触电。

_____

_____

引导问题 4：人体触电的常见原因主要有哪两大方面？

_____

_____

引导问题 5：预防触电的保护措施主要有绝缘、屏护、_____、_____、_____、_____。

引导问题 6：触电急救的第一步是_____，第二步是_____。

引导问题 7：使触电者脱离电压电源的方法可用_____、_____、_____、_____、_____五字来概括。

四、工作计划

按照任务书要求和获取的信息，把任务分解，制订工作计划，分派任务并填入表 1-4 中。同时也要根据学习任务，将所需的工具、器件填入表 1-5 中。

表 1-5　工具、器件计划清单

序号	名称	型号和规格	单位	数量	备注

五、任务实施

1. 领取工具、器件

触电急救训练道具如图 1-2 所示。

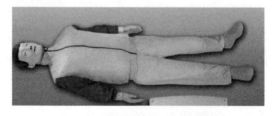

图 1-2　触电急救训练道具

2. 操作步骤

（1）脱离电源。触电事故发生后，应首先使触电者迅速脱离电源，按照"拉""切""挑""拽"和"垫"的方法来进行使触电者迅速脱离电源的技能训练。整个过程要注意安全、动作规范。

（2）现场救护，并完成表1-6。

表1-6 触电现场急救方法

急救方法	步骤
口对口人工呼吸急救	
胸外按压急救	
两种方法同时采用	

3. 总结

总结任务的完成过程并提交阐述材料。

六、评价反馈

进行学生自评、组内互评、教师评价，完成考核评价表。考核评价表见表1-7。

表1-7 考核评价表

序号	评价项目	评价内容	分值	自评 30%	互评 30%	师评 40%	合计
1	职业素养 30分	分工合理，制订计划能力强，严谨认真	5				
		爱岗敬业、安全意识、责任意识、服从意识	5				
		团队合作、交流沟通	5				
		遵守行业规范、现场6S标准	5				
		主动性强，保质保量完成工作页相关任务	5				
		能采取多样化手段收集信息、解决问题	5				
2	专业能力 60分	熟悉电对人体的危害	10				
		熟悉人体触电的三种类型	10				
		熟练操作触电者脱离电源的方法，准确到位	10				
		熟练操作口对口人工呼吸急救，准确到位	15				
		熟练操作胸外按压急救，准确到位	15				
3	创新意识10分	创新性思维和行动	10				
		合计	100				
评价人签名：						时间：	

七、拓展提高

(一) 知识闯关

1. 在三相三线制供电系统（中性点不接地系统）中，允许使用_____保护。在三相四线中性点直接接地供电系统中，允许使用_____保护。

2. 中性线（零线）上不准装设_____、_____或_____。

3. 通常认为_____以下的电压为安全电压。我国规定安全电压额定值的等级为_____、_____、_____、_____、_____ V。

4. 试想如果有人触电，你怎样选择合适的方法使触电者尽快脱离电源？

(二) 总结归纳

在本次任务实施过程中，给你印象最深的是哪件事？自己的职业能力有哪些明显提高？

_____

_____

(三) 能力提升

请仔细观察家用电器如空调、洗衣机、电视机的电源插头是两脚插头还是三脚插头？而其他小型家用电器如手机充电器、录音机等的插头是两脚插头还是三脚插头？试分析原因。

项目二 常用电工仪表的使用

任务1 万用表的使用

一、任务描述

本任务以小组为单位,仔细观察万用表的外形结构,通过学会测量电阻箱的电阻、直流电源的电压、交流电源的电压、直流电流来熟悉万用表的使用方法及注意事项,并做好记录。整个过程要求团队协作、主动探究、严谨细致、精益求精。

二、任务分组

将班级学生分组,5人为一组,由轮值安排生成组长,使每个人都有锻炼培养组织协调和管理能力的机会。每人都有明确的任务分工,5人分别代表组长、任务总结汇报员、信息收集资料整理员、操作员、质检员。注意培养学生的团队协作能力。学生任务分组表见表2-1。

表2-1 学生任务分组表

班级		组号		任务	
组长		学号		指导老师	
组员	学号	角色指派			工作内容

三、任务引导

引导问题1:通过自主学习,认识指针式万用表的外形结构,其主要由哪三部分组成?

引导问题2：在用万用表测电阻时，怎样进行欧姆调零？

引导问题3：通过自主学习，掌握万用表测量直流电压的方法和注意事项。

引导问题4：通过自主学习，掌握万用表测量直流电流的方法和注意事项。

四、工作计划

按照任务描述和任务引导获取的信息，把任务分解，制订工作计划，分派任务并填入表2-1中。同时也要根据学习任务，将所需的工具、器件填入表2-2中。

表2-2 工具、器件计划清单

序号	名称	型号和规格	单位	数量	备注

五、任务实施

1. 领取工具、器件

领取工具、器件：直流电源（2~24 V）；交流电源（2~24 V）；小功率电阻五只；电阻箱一个；导线若干等。

2. 读数

根据图2-1中的万用表指针位置读取数值，把数值填入表2-3中。

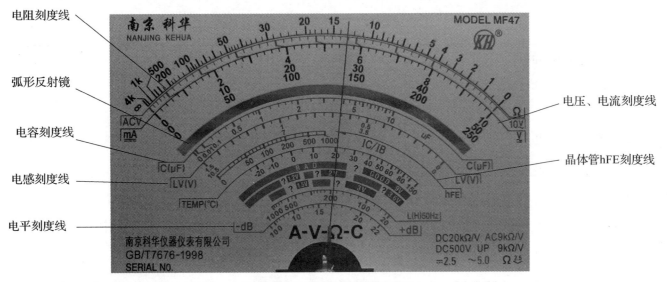

图 2-1　万用表指针位置

表 2-3　读数

测量项目和量程（或倍率）	50 V	0.5 mA	250 V	R×10	R×1k
读取数值					

3．用指针式万用表测量电阻

1）选择适当的量程

把万用表转换开关旋转到电阻挡上，选择适当的倍率挡。

2）电阻调零

倍率挡选定后，测量前将红黑两个表笔对接短路，调节电阻调零旋钮，使表头指针准确指在电阻刻度线的零位置上。

3）测量、读数

将两个表笔分别与电阻两端相接，读出电阻数值，记入表 2-4 中。

表 2-4　测量电阻

R/Ω（标称值）					
R/Ω（测量值）					

4．测量直流电压

（1）把万用表转换开关旋转到直流电压挡上。

（2）根据直流电压的大小，选择适当的量程。

（3）将红、黑表笔分别与被测电路或元器件的正、负极相接，读出电压数值，并记入表 2-5 中。

表 2-5　测量直流电压

U/V（标称值）	2	6	12	18	22	24
U/V（测量值）						

5. 测量交流电压

（1）把万用表转换开关旋转到交流电压挡上。

（2）根据交流电压的大小，选择适当的量程。

（3）将万用表与被测电路或元器件相并联，读出电压数值，并记入表 2-6 中。

表 2-6　测量交流电压

U/V（标称值）	2	6	12	18	22	24
U/V（测量值）						

6. 测量直流电流

（1）把直流电源、电阻箱、导线、万用表连接成一个电路。注意：电源开关必须断开。

（2）把万用表转换开关旋转到直流电流挡上，选择适当的量程，接通电源。

（3）测量电流，将读数记入表 2-7 中。注意：在改变电阻值之前，先断开电源开关。

表 2-7　测量直流电流

U/V	6	6	6	6	6
R/Ω	40	400	300	3 000	4 000
I/mA（计算值）					
I/mA（测量值）					

各组汇报测量结果，介绍任务的完成过程并提交阐述材料。

六、评价反馈

进行学生自评、组内互评、教师评价，完成考核评价表。考核评价表见表 2-8。

表 2-8　考核评价表

序号	评价项目	评价内容	分值	自评 30%	互评 30%	师评 40%	合计
1	职业素养 30 分	分工合理、制订计划能力强、严谨认真	5				
		爱岗敬业、安全意识、责任意识、服从意识	5				
		团队合作、交流沟通	5				

续表

序号	评价项目	评价内容	分值	自评 30%	互评 30%	师评 40%	合计
1	职业素养 30分	遵守行业规范、现场6S标准	5				
		主动性强,保质保量完成工作页相关任务	5				
		能采取多样化手段收集信息、解决问题	5				
2	专业能力 60分	工具仪表规范操作	10				
		万用表使用方法及测量结果	30				
		操作过程严肃认真、精益求精	10				
		技术文档整理完整	10				
3	创新意识10分	创新性思维和行动	10				
		合计	100				

评价人签名: 　　　　　　　　　　　　　　　　　　　　　　　时间:

七、拓展提高

(一) 知识闯关

1. 万用表可分为_____万用表和数字式万用表两种。

2. 读数时眼睛应位于指针_____。

3. 测量电阻时,严禁在被测_____带电的情况下测量。测量前或每次更换倍率挡时,都应重新调整_____零点。测量时,应选择合适的倍率挡,使指针尽可能接近标度尺的_____。测量中不允许用手同时触及被测电阻_____。

4. 用万用测量直流电压时,将红表笔接被测电路或元器件的_____电位端。

5. 用万用表测量直流电流时,万用表必须_____到被测电路中。

6. 测量电压时,将表笔_____在被测电路或元器件两端。

(二) 总结归纳

在本次任务实施过程中,给你印象最深的是哪件事?自己的职业能力有哪些明显提高?

_____

_____

(三) 能力提升

课下请同学们识读数字式万用表说明书,熟悉它的使用方法及使用注意事项,并完成以下问题。

1. 万用表端子 COM 用于_____。

2. HOLD 按钮作用是_____。

3. 显示符号 AUTO 表示_____。

4. 测量完毕，功能开关应置于_____。

5. 试一试用数字式万用表测量直流电流，总结方法，相互交流。

任务 2　兆欧表、钳形电流表的使用

一、任务描述

本节课的任务是观察兆欧表、钳形电流表的结构，学会其使用方法及注意事项，并做好记录。注意培养学生的团队协作能力及精益求精的精神。

二、任务分组

将班级学生分组，5 人为一组，由轮值安排生成组长，使每个人都有锻炼培养组织协调和管理能力的机会。每人都有明确的任务分工，5 人分别代表组长、任务总结汇报员、信息收集资料整理员、操作员、质检员。学生任务分组表见表 2-9。

表 2-9　学生任务分组表

班级		组号		任务	
组长		学号		指导老师	
组员	学号	角色指派		工作内容	

三、任务引导

引导问题 1：通过自主学习，了解兆欧表的外形结构，其主要由哪三个部分组成？

引导问题 2：通过自主学习，了解兆欧表的选用。常用的兆欧表的规格有哪五个挡级？

引导问题 3：测量前，应对兆欧表进行哪两个试验？

引导问题4：钳形电流表主要由哪两部分组成？

_____

_____

引导问题5：通过自主学习，掌握钳形电流表的使用方法。

_____

_____

引导问题6：钳形电流表使用注意事项有哪三条？

_____

_____

四、工作计划

按照任务书要求和获取的信息，把任务分解，制订工作计划，向小组成员分派任务，同时也要根据学习任务，列出物料清单，在表2-9中进行任务角色分派，在2-10表中列出为完成任务所用工具、器件。

表2-10　工具、器件计划清单

序号	名称	型号和规格	单位	数量	备注

五、任务实施

（1）将一台三相笼型异步电动机接线盒拆开，取下所有接线桩之间的连接片，使三相绕组 U_1、U_2、V_1、V_2、W_1、W_2 各自独立。用兆欧表测量三相绕组之间，各相绕组与机座之间的绝缘电阻，将测量结果记入表2-11中。

表2-11　电动机绕组绝缘电阻的测量

电动机额定值				兆欧表		绝缘电阻/MΩ					
功率	电流	电压	接法	型号	规格	U-V	U-W	V-W	U-地	V-地	W-地

（2）按电动机铭牌规定，恢复有关接线桩之间的连接片，使三相绕组按出厂要求连接，并将其接入三相交流电路，令其通电运动，用钳形电流表检测其启动瞬时的启动电流和转速达额定值后的空载电流，并将测量结果记入表2-12中。

表2-12　电动机启动电流和空载电流的测量

钳形电流表		启动电流		空载电流		缺相运行电流			
型号	规格	量程	读数	量程	读数	量程	U	V	W

（3）在电动机空载运行时，人为断开一相电源，如取下某一相熔断器，用钳形电流表检测缺相运行电流（检测时间尽量短），测量完毕立即关断电源并将检测结果记入表2-12中。

各组介绍任务的完成过程并提交阐述材料。

六、评价反馈

进行学生自评、学生组内互评、教师评价，完成考核评价表。考核评价表见表2-13。

表2-13　考核评价表

评价内容	评分标准	配分	自评20%	互评20%	师评60%	合计
选择工具、仪表	（1）工具选择错误每个扣2分 （2）仪表选择错误每个扣3分	10				
识别兆欧表、钳形电流表	识别兆欧表、钳形电流表的结构有误每个扣5分	10				
用兆欧表、钳形电流表进行测量	（1）仪表选择、检查有误扣10分 （2）仪表使用不规范扣10分 （3）检测方法及结果不正确扣10分 （4）损坏仪表或不会检测该项不得分	60				
职业素养	严格遵守安全规程、文明生产、规范操作，养成严谨、专注、精益求精的职业精神，注重小组协作、德技并修	20				
技术资料归档	技术资料不完整或不归档，酌情扣3~5分 注：本项从总分中扣除					
	合计	100				
创新能力加分20	创新性思维和行动	20				

续表

评价内容	评分标准	配分	自评 20%	互评 20%	师评 60%	合计
学生自评						学生签名：
教师评语						教师签名：

七、拓展提高

（一）知识闯关

1. 兆欧表又叫_____、迈格表、高阻计、绝缘电阻测定仪等，是一种测量电器设备及_____的仪表。

2. 兆欧表组成：手摇直流发电机（有的用交流发电机加整流器）、_____及_____（L、E、G）。

3. 兆欧表的常用规格有 250 V、_____、1 000 V、_____、5 000 V 等挡级。

4. 使用兆欧表时应注意：摇动手柄时不得让 L 和 E 短接时间过_____，否则损坏兆欧表。不允许设备和线路带_____时用兆欧表去测量。测量前应对设备和线路先_____。

5. 使用兆欧表测量绝缘电阻时，一般只用_____和_____端，但在测量电缆对地的绝缘电阻或被测设备的漏电流较严重时，就要使用_____端，并将"G"端接屏蔽层或外壳。

6. 钳形电流表简称_____表，是一种不需_____电路就可直接测电路交流电流的携带式仪表。其工作部分主要由一只_____和穿心式电流互感器组成。穿心式电流互感器铁芯制成活动_____，且成钳形，故名钳形电流表。

7. 使用钳形电流表测量通电导线电流时，为了得到较准确的读数，可把导线放进钳口进行测量，但实际电流数值应为_____。

（二）总结归纳

在本次任务实施过程中，给你印象最深的是哪件事？自己的职业能力有哪些明显提高？

_____

_____

（三）能力提升

查找一下机械式钳形电流表相关资料，掌握其使用方法。

_____

_____

项目三　引风机控制电路的设计与安装——正转控制电路的设计与安装

任务1　认识低压断路器、按钮

一、任务描述

本任务以小组为单位，仔细观察多种低压断路器、按钮，收集相关资料，熟悉元器件的参数及标识的含义，利用万用表分别测量在合闸或分闸低压断路器及按下或松开按钮时，各触点的电阻，并做好记录。拆开按钮，观察其内部结构，探究其动作原理，完成后将按钮组装好后归位，整个过程要求团队协作、主动探究、严谨细致、精益求精。

二、任务分组

将班级学生分组，5人一组，轮值安排生成组长，给每个人提供组织协调的平台，5人分工明确，分别代表组长、任务总结汇报员、信息收集资料整理员、操作员、质检员。注意培养学生的团队协作能力。学生任务分组表见表3-1。

表3-1　学生任务分组表

班级		组号		任务	
组长		学号		指导老师	
组员	学号	角色指派		工作内容	

三、任务引导

引导问题1：通过自主学习，了解低压断路器的外形结构（见图3-1），写出图3-2低压断路器型号的含义。

图 3-1 低压断路器的外形结构

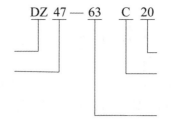

图 3-2 低压断路器型号的含义

引导问题 2：画出低压断路器的图形符号和文字符号，写出其功能。

_____

_____

引导问题 3：低压断路器对控制电路具有哪几种保护作用？

_____

_____

引导问题 4：低压断路器在选用时应遵循什么原则？

_____

_____

引导问题 5：通过自主学习，了解按钮的外形结构（见图 3-3），写出图 3-4 按钮型号的含义。

图 3-3 按钮的外形结构

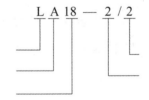

图 3-4 按钮型号的含义

引导问题 6：画出按钮的图形符号和文字符号，写出其功能。

_____

_____

引导问题 7：按钮在选用时应遵循什么原则？

_____

_____

四、工作计划

按照任务书要求和获取的信息,把任务分解,制订工作计划,分派任务并填入表 3-1 中。同时也要根据学习任务,将所需的工具、器件填入表 3-2 中。

表 3-2 工具、器件计划清单

序号	名称	型号和规格	单位	数量	备注

五、任务实施

1. 领取工具、器件

根据表 3-2 的计划清单,领取工具、器件。

2. 操作步骤

(1) 用万用表电阻挡分别测量并记录低压断路器在分闸、合闸状态时三对接线柱之间的电阻值,并把测量结果记录在表 3-3 中。

表 3-3 低压断路器在不同状态时的电阻值

文字符号	名称	检测状态	检测结果
QF	低压断路器	合闸状态	
		分闸状态	

(2) 仔细观察复合按钮,按下按钮,各触点的工作状态如何变化?松开按钮,各触点的工作状态又是如何变化的?

(3) 用万用表电阻挡测量复合按钮的动断、动合触点在静态和按下状态时的电阻值,并将测量结果记录在表 3-4 中。

表 3-4 按钮在不同状态时的电阻值

文字符号	名称	检测状态	检测结果
SB	按钮	静态位置	动合触点：
			动断触点：
		按下状态	动合触点：
			动断触点：

（4）展示作品，总结任务的完成过程并提交阐述材料。

六、评价反馈

进行学生自评、组内互评、教师评价，完成考核评价表。考核评价表见表 3-5。

表 3-5 考核评价表

序号	评价项目	评价内容	分值	自评 30%	互评 30%	师评 40%	合计
1	职业素养 30 分	分工合理，制订计划能力强，严谨认真	5				
		爱岗敬业、安全意识、责任意识、服从意识	5				
		团队合作、交流沟通	5				
		遵守行业规范、现场 6S 标准	5				
		主动性强，保质保量完成工作页相关任务	5				
		能采取多样化手段收集信息、解决问题	5				
2	专业能力 60 分	工具仪表规范操作	10				
		低压断路器检测方法及结果	15				
		复合按钮观察及检测结果	15				
		操作过程严肃认真、精益求精	10				
		技术文档整理完整	10				
3	创新意识 10 分	创新性思维和行动	10				
		合计	100				
评价人签名：						时间：	

七、拓展提高

（一）知识闯关

1. 低压断路器的额定电压应_____被保护电路的额定电压，欠电压脱扣器的额定电压

_____被保护电路的额定电压，分励脱扣器的额定电压_____被保护电路的额定电压。低压断路器的壳架等级额定电流应_____被保护电路的负载电流。低压断路器的额定电流_____被保护电路的负载电流。用于保护电动机时，热脱扣器的整定电流应_____电动机额定电流；用于保护三相笼型异步电动机时，其过电流脱扣器整定电流_____电动机额定电流的 8~15 倍；用于保护三相绕线式异步电动机时，其过电流脱扣器整定电流_____电动机额定电流的 3~6 倍；用于控制照明电路时，其过电流脱扣器整定电流一般取负载电流的_____倍。

2. 按钮按静态时触点的分合状态，可分为_____、_____、_____。

3. 对于复合按钮，当按下按钮时，所有的触点都改变状态，即_____触点要闭合，_____触点要断开。但这两对触点的变化是有_____次序的，按下按钮时，_____触点先断开，_____触点后闭合；松开按钮时，_____触点先复位，_____触点后复位。

（二）总结归纳

在本次任务实施过程中，给你印象最深的是哪件事？自己的职业能力有哪些明显提高？

_____
_____

（三）能力提升

课下请同学们识读低压断路器、按钮说明书，熟悉电器元件的用途、主要技术参数、安装及使用方法。

_____
_____
_____
_____

任务 2　认识熔断器、热继电器

一、任务描述

本任务是以小组为单位，观察多种型号熔断器、热继电器的外形结构，收集相关资料，熟悉元器件的参数及标识的含义，利用万用表检测其性能，并做好记录。拆开熔断器、热继电器，观察其内部结构，探究其工作原理，完成后再组装好归位。整个过程要求团队协作、主动探究、严谨细致、精益求精。

二、任务分组

将班级学生分组，5 人一组，轮值安排生成组长，给每个人提供组织协调的平台，5 人分工明确,分别代表组长、任务总结汇报员、信息收集资料整理员、操作员、质检员。注意培养学生的团队协作能力。学生任务分组表见表3-6。

表3-6 学生任务分组表

班级		组号		任务	
组长		学号		指导老师	
组员	学号	角色指派		工作内容	

三、任务引导

引导问题1:通过自主学习,了解熔断器的外形结构(见图3-5),写出图3-6熔断器型号的含义。

图3-5 熔断器的外形结构

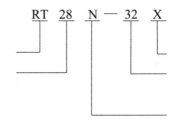

图3-6 熔断器型号的含义

引导问题2:画出熔断器的图形符号和文字符号,写出其功能。

_____

_____

引导问题3:熔断器在选用时应遵循什么原则?

_____

_____

引导问题4:通过自主学习,了解热继电器的外形结构(见图3-7),写出图3-8热继电器型号的含义。

图 3-7　热继电器的外形结构

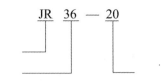

图 3-8　热继电器型号的含义

引导问题 5：画出热继电器的图形符号和文字符号，写出其功能。

_____

_____

引导问题 6：热继电器的工作原理是什么？

_____

_____

引导问题 7：热继电器在选用时应遵循什么原则？

_____

_____

四、工作计划

按照任务书要求和获取的信息，把任务分解，制订工作计划，分派任务并填入表 3-6 中。同时也要根据学习任务，将所需的工具、器件填入表 3-7 中。

表 3-7　工具、器件计划清单

序号	名称	型号和规格	单位	数量	备注

五、任务实施

1. 领取工具、器件

根据表 3-7 的计划清单，领取工具、器件。

2. 操作步骤

（1）用万用表电阻挡检测熔断器两接线端子之间的通断情况，并做记录。

_____
_____

（2）按照图 3-9 将 RT 系列熔断器拆开，认真观察并掌握其结构组成，观察完毕复位，并做记录。

图 3-9　RT 系列熔断器结构

_____
_____
_____
_____

（3）用万用表电阻挡测量热继电器三组热元件的电阻值及常开、常闭触点的电阻值，并记录在表 3-8 中。

表 3-8　热继电器三组热元件的电阻值

文字符号	名称	待测端子	电阻值	状态分析
FR	热继电器	1L1-2T1 之间		
		3L2-4T2 之间		
		5L3-6T3 之间		
		95 和 96 之间		
		97 和 98 之间		

3. 总结

展示作品，总结任务的完成过程并提交阐述材料。

六、评价反馈

进行学生自评、组内互评、教师评价，完成考核评价表。考核评价表见表 3-9。

表 3-9 考核评价表

序号	评价项目	评价内容	分值	自评 30%	互评 30%	师评 40%	合计
1	职业素养 30 分	分工合理，制订计划能力强，严谨认真	5				
		爱岗敬业、安全意识、责任意识、服从意识	5				
		团队合作、交流沟通	5				
		遵守行业规范、现场 6S 标准	5				
		主动性强，保质保量完成工作页相关任务	5				
		能采取多样化手段收集信息、解决问题	5				
2	专业能力 60 分	工具仪表规范操作	5				
		熔断器的拆装、检测	20				
		热继电器观察及检测	20				
		操作过程严肃认真、精益求精	5				
		技术文档整理完整	10				
3	创新意识 10 分	创新性思维和行动	10				
		合计	100				
评价人签名：						时间：	

七、拓展提高

（一）知识闯关

1. 熔断器_____在被保护的电路中，当线路或用电设备发生_____时，通过熔断器的电流超过某一规定值时，以其自身产生的热量使_____熔断，分断电路。

2. 熔断器的额定电流应_____所装熔体的额定电流。

3. 热继电器在安装时，其热元件应_____联在_____电路中，动断触点应_____联在_____电路中。

4. 当电路过载时，流过加热元件的电流_____热继电器的整定电流，加热元件发热并使双金属片_____，通过机械联动机构将_____断开，切断控制电路，从而使_____断开。

5. 热继电器的额定电流是指热继电器允许流入热元件的最大额定电流，根据电动机的额定电流选择热继电器的规格，一般应使热继电器的额定电流_____电动机的额定电流。

6. 整定电流是指长期通过热元件而热继电器不动作的最大电流。一般情况下，热元件的整定电流为电动机额定电流的_____倍。

(二) 总结归纳

在本次任务实施过程中，给你印象最深的是哪件事？自己的职业能力有哪些明显提高？

_____

_____

(三) 能力提升

课下请同学们识读熔断器、热继电器说明书，熟悉电器元件的用途、主要技术参数、安装及使用方法。

_____

_____

_____

任务 3　认识交流接触器

一、任务描述

本任务以小组为单位，收集相关资料，观察交流接触器，熟悉元器件参数及标识的含义，利用万用表测量交流接触器线圈的阻值；按下和松开实验按钮，分别测量各触点的通断情况，并做好记录。拆开交流接触器，观察其内部结构，探究其工作原理，将交流接触器装好后归位。整个过程要求团队协作、主动探究、严谨细致、精益求精。

二、任务分组

将班级学生分组，5人一组，轮值安排生成组长，给每个人提供组织协调的平台，5人分工明确，分别代表组长、任务总结汇报员、信息收集资料整理员、操作员、质检员。注意培养学生的团队协作能力。学生任务分组表见表 3-10。

表 3-10　学生任务分组表

班级		组号		任务	
组长		学号		指导老师	
组员	学号	角色指派		工作内容	

组员	学号	角色指派	工作内容

三、任务引导

引导问题 1：通过自主学习，了解交流接触器的外形结构（见图 3-10），写出图 3-11 交流接触器型号的含义。

图 3-10 交流接触器的外形结构

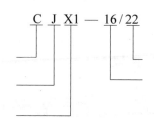

图 3-11 交流接触器型号的含义

引导问题 2：画出交流接触器的图形符号和文字符号（线圈、主触点、辅助动断触点、辅助动合触点）。

引导问题 3：写出交流接触器欠电压、失电压保护的原理。

引导问题 4：交流接触器在选用时应遵循什么原则？

四、工作计划

按照任务书要求和获取的信息，把任务分解，制订工作计划，分派任务并填入表 3-10 中。同时也要根据学习任务，将所需的工具、器件填入表 3-11 中。

表 3-11 工具、器件计划清单

序号	名称	型号和规格	单位	数量	备注

五、任务实施

1. 领取工具、器件

根据表 3-11 的计划清单，领取工具、器件。

2. 操作步骤

（1）观察交流接触器的结构（见图 3-12），找出线圈、主触点、辅助触点的接线端子，拆开交流接触器，观察其内部结构，写出其工作原理。

图 3-12 交流接触器的结构

_____

_____

（2）用万用表电阻挡测量所给交流接触器线圈（A1-A2 之间）的电阻值，并做好记录。

_____

_____

（3）用万用表按测量要求测量交流接触器触点间的电阻值，并把测量结果记录在表 3-12 中。

表 3-12 交流接触器触点间的电阻值

文字符号	名称	待测状态	待测端子	测量结果
KM	交流接触器	吸合状态（按下实验按钮）	主触点：1L1-2T1 之间 3L2-4T2 之间 5L3-6T3 之间	
			辅助动合触点：13-14 之间 43-44 之间	
			辅助动断触点：21-22 之间 31-32 之间	
		释放状态	主触点：1L1-2T1 之间 3L2-4T2 之间 5L3-6T3 之间	
			辅助动合触点：13-14 之间 43-44 之间	
			辅助动断触点：21-22 之间 31-32 之间	

3. 总结

展示作品，总结任务的完成过程并提交阐述材料。

六、评价反馈

进行学生自评、组内互评、教师评价，完成考核评价表。考核评价表见表 3-13。

表 3-13 考核评价表

序号	评价项目	评价内容	分值	自评 30%	互评 30%	师评 40%	合计
1	职业素养 30 分	分工合理，制订计划能力强，严谨认真	5				
		爱岗敬业、安全意识、责任意识、服从意识	5				
		团队合作、交流沟通	5				
		遵守行业规范、现场 6S 标准	5				
		主动性强，保质保量完成工作页相关任务	5				
		能采取多样化手段收集信息、解决问题	5				

续表

序号	评价项目	评价内容	分值	自评 30%	互评 30%	师评 40%	合计
2	专业能力 60 分	工具仪表规范操作	5				
		交流接触器的检测	40				
		操作过程严肃认真、精益求精	5				
		技术文档整理完整	10				
3	创新意识 10 分	创新性思维和行动	10				
		合计	100				

评价人签名：　　　　　　　　　　　　　　　　　　　　　　时间：

七、拓展提高

（一）知识闯关

1. 交流接触器主要由_____、_____、_____及辅助部件组成。

2. 交流接触器的电磁系统主要由_____、_____、_____三部分组成。

3. 当接触器的线圈_____后，线圈中流过的电流产生_____，对衔铁产生足够大的_____，克服反作用弹簧的_____，将衔铁_____，两对动断触点先_____，三对主触点和两对动合触点后_____。当接触器线圈断电或电压显著下降时，由于电磁吸力_____，衔铁在反作用弹簧的作用下_____，三对主触点和两对动合触点先_____，两对动断触点后_____。各触点恢复到原始状态。

4. 接触器主触点的额定电压应_____主触点所在线路的额定电压，主触点的额定电流应_____主触点所在线路的额定电流。

（二）总结归纳

在本次任务实施过程中，给你印象最深的是哪件事？自己的职业能力有哪些明显提高？

_____

_____

（三）能力提升

课下请同学们识读交流接触器说明书，熟悉电器元件的用途、主要技术参数、安装及使用方法。

_____

_____

任务4 引风机控制电路的设计与安装

一、任务描述

以小组为单位,工作负责人通过现场调查和阅读引风机使用说明书,了解技术信息:主要技术参数和控制要求。按控制要求设计控制电路,对已安装完成的引风机,用电缆从动力配电箱引出电源,通过控制电路将电源引入引风机,要求能够远距离控制引风机的连续运转与停止,在安装完成后,进行检验和通电试车,合格后交付使用。整个学习过程要求团队协作、主动探究、严谨细致、精益求精。

二、任务分组

将班级学生分组,5人为一组,由轮值安排生成组长,使每个人都有锻炼培养组织协调和管理能力的机会。每人都有明确的任务分工,5人分别代表乙方项目经理(组长)、乙方电气设计工程师、乙方电气安装工程师、乙方仓库管理兼汇报员、甲方项目质检工程师,模拟真实电气控制项目实施过程,培养学员团队协作能力。项目分组见表3-14。

表3-14 项目分组表

项目组长		组名		指导老师	
团队成员	学号	角色指派		工作内容	
		乙方项目经理		统筹计划、进度、安排,和甲方对接,解决疑难问题,并进行质检	
		乙方电气设计工程师		设计并绘制电气线路电路图、布置图、接线图	
		乙方电气安装工程师		申领物料,进行电气配盘,配合电气设计工程师进行调试	
		乙方仓库管理兼汇报员		负责器件、材料管理,成品汇报,配合电气设计工程师进行调试	
		甲方项目质检工程师		根据任务书对项目功能、乙方表现进行评价	

三、任务分析

引导问题1:绘制和识读电路图、布置图、接线图的原则与要求是什么?

_____

_____

_____

引导问题2：什么是点动控制？熟悉点动正转控制电路（见图3-13）的组成，并分析电路的工作原理。

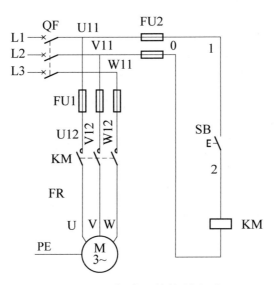

图3-13 点动正转控制电路

_____

_____

_____

_____

引导问题3：什么是自锁控制？实现接触器自锁的触点是什么触点？

_____

_____

_____

_____

引导问题4：熟悉具有过载保护的接触器自锁正转控制电路的组成，并能解释各元器件在线路中的作用。

_____

_____

引导问题5：板前明线布线的工艺要求是什么？

_____

_____

四、工作计划

按照任务书要求和获取的信息,把任务分解,制订工作计划,同时向小组成员分派任务。根据甲方需求及安装场所的特点,确定引风机的主要技术参数,并模拟完成以下任务。

(1) 设计并绘制引风机主电路和控制电路的电路图。

(2) 列出物料清单,根据电路图,上网收集资料或查阅电工手册,确定电气元件规格型号及其价格。在表 3-15 中列出为完成任务所用工具、器件。

表 3-15 工具、器件计划清单

序号	名称	型号和规格	单位	数量	价格	备注

(3) 根据电路图和电气元件规格型号,绘制布置图。在实际工作中,布置图是进行配电箱设计的依据,其尺寸决定了配电箱的规格大小。

项目三 引风机控制电路的设计与安装——正转控制电路的设计与安装

五、任务实施

1. 填写物料领取表

根据计划清单表 3-15 填写物料领取表 3-16，领取物料，同时选择适当的电工安装测量工具，对器件进行质量检测。

表 3-16 物料领取表

序号	工具或材料名称	规格型号	数量	备注

2. 在控制板上进行电气配盘

根据引风机控制电路的电路图和布置图，电气安装工程师按照电气配盘工艺要求，完成元器件连接任务。

（1）根据布置图划线，安装导轨。

（2）元器件安装。

（3）按接线图进行布线。

将实际操作过程中遇到的问题和解决措施记录下来。

出现的问题：

解决措施：

3. 自检控制板布线的正确性

安装完毕，电气工程师自检，确保接线正确、安全，检查内容顺序如下。

（1）断电检查，确保接线安全。

使用万用表欧姆挡，检查主电路和控制电路，确保没有短接，并填写表3-17。

表3-17 断电自检情况记录

序号	测试按钮的工作状态	检测内容	自检情况	备注
1	静态	主电路是否短路		
2		控制电路是否短路		
3	动态	主电路是否接通		
4		控制电路是否接通		

（2）通电检查，确保接线正确。

使用万用表交流电压挡，首先检测电源供电是否正常，其次检测主电路和控制电路电源供电是否正常。最后，操作按钮，检测设备的工作状态，并填写表3-18。

表3-18 通电测试

序号	检测内容	自检情况	备注
1	电源供电电压		
2	主电路供电电压		
3	控制电路供电电压		
4	风机工作状态（操作启动按钮）		
5	风机工作状态（风机工作时，操作停止按钮）		

4. 技术文档整理

按照甲方需求，整理出项目技术文档，移交给甲方，内容包括控制要求、电路图、布置图、接线图、操作说明等。

六、工作评价

1. 小组自查，预验收

根据小组分工，项目经理和项目质检工程师根据项目要求和电气控制工艺规范，进行预验收，填写预验收记录表3-19。

表 3-19　预验收记录

项目名称			组名	
序号	验收项目	验收记录	整改措施	完成时间
1	外观检查			
2	功能检查			
3	元器件布局规范性检查			
4	布线规范性检查			
5	技术文档检查			
6	其他			
预验收结论：				
签字：				时间：

2. 项目提交，验收

组内验收完成，各小组交叉验收，填写验收报告，见表3-20。

表 3-20　＿＿＿＿＿＿项目验收报告

项目名称			建设单位	
项目验收人			验收时间	
项目概况				
存在问题			完成时间	
验收结果	主观评价	功能测试	施工质量	材料移交

3. 展示评价

各组展示作品，介绍任务完成过程、制作过程视频、运行结果视频、技术文档并提交汇报材料，进行小组自评、组间互评、教师评价，完成考核评价表，见表3-21。

表 3-21 考核评价表

序号	评价项目	评价内容	分值	自评 30%	互评 30%	师评 40%	合计
1	职业素养 30分	分工合理，制订计划能力强，严谨认真	5				
		爱岗敬业、安全意识、责任意识、服从意识	5				
		团队合作、交流沟通	5				
		遵守行业规范、现场6S标准	5				
		主动性强，保质保量完成工作页相关任务	5				
		能采取多样化手段收集信息、解决问题	5				
2	专业能力 60分	电气图纸设计正确、绘制规范	10				
		接线牢固，电气配盘合理、美观、规范	20				
		施工过程严肃认真、精益求精	10				
		项目调试结果正确	10				
		技术文档整理完整	10				
3	创新意识10分	创新性思维和行动	10				
		合计	100				
评价人签名：						时间：	

七、拓展提高

（一）知识闯关

1. 在点动正转控制电路中，电源电路由_____和_____组成；主电路由_____和_____组成；控制电路由_____和_____组成。

2. 在具有过载保护的接触器自锁正转控制电路中，热继电器起_____保护作用，其热元件串联_____在电路中，其动断触点串联在_____电路中。

3. 电气控制电路的电路图，一般分为_____、_____和_____三部分。

4. 在电气控制电路的电路图中，电源电路应画成_____，三相交流电源相序L1、L2、L3自_____依次画出，中性线N和保护接地线PE依次画在_____之下。

5. 在电气控制电路的电路图中，主电路是指_____的动力装置及控制、保护电器的支路等，主要由_____、_____、_____及_____等组成。

项目三 引风机控制电路的设计与安装——正转控制电路的设计与安装

6. 在电气控制电路的电路图中，主电路通过的是电动机的_____电流，电流较大。主电路一般画在电路图的_____侧并垂直电源电路。

7. 在电气控制电路的电路图中，辅助电路一般包括控制主电路工作状态的_____电路、显示主电路工作状态的_____电路、提供机床设备局部照明的_____电路等。

8. 画电气控制电路的电路图时，辅助电路要跨接在_____相电源之间，用细实线垂直画在主电路_____侧，并且耗能元件要画在电路图的_____，各电气元件的触点要画在耗能元件与_____电源线之间。

9. 辅助电路所通过的电流，一般不超过_____A。

（二）总结归纳

在本次任务实施过程中，存在问题、解决方案、优化可行性、激励措施分别有哪些？

_____
_____
_____
_____

（三）能力提升

恭喜你成功完成第 1 个项目，现在甲方提出新的需求，要在按钮盒上增加点动按钮，要求引风机不但能实现连续运行，还能实现点动运行。请同学们设计绘制出电路图并分析其工作原理。

_____
_____
_____
_____

项目四　换气扇控制电路的设计与安装——接触器联锁正反转控制电路的设计与安装

一、任务描述

在现代大型商场、学生餐厅等地方，往往由于人员密集、空间封闭等因素造成空气流通不畅，今以人为本，为了给顾客营造更好的购物、休闲和娱乐环境，某商场预定在各层安装换气扇，要求具有短路、过载保护功能，并能实现吸气和排气。

二、任务分组

将班级学生分组，5人为一组，由轮值安排生成组长，使每个人都有锻炼培养组织协调和管理能力的机会。每人都有明确的任务分工，5人分别代表乙方项目经理（组长）、乙方电气设计工程师、乙方电气安装工程师、乙方仓库管理兼汇报员、甲方项目质检工程师，模拟真实电气控制项目实施过程，培养学员团队协作能力。项目分组见表4-1。

表4-1　项目分组表

项目组长		组名		指导老师	
团队成员	学号	角色指派		备注	
		乙方项目经理		统筹计划、进度、安排，和甲方对接，解决疑难问题	
		乙方电气设计工程师		进行电气硬件线路设计、程序设计和编程调试	
		乙方电气安装工程师		进行电气配盘，配合电气设计工程师进行调试	
		乙方仓库管理兼汇报员		负责器件、材料管理，成品汇报，配合电气设计工程师进行调试	
		甲方项目质检工程师		根据任务书、评价表对项目功能、乙方表现进行打分评价	

三、任务引导

引导问题1：如何实现电动机由正转变为反转？

引导问题2：写出图4-1倒顺开关正反转控制电路的工作原理。

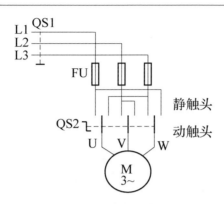

图4-1　倒顺开关正反转控制电路

引导问题3：请补画图4-2利用两个接触器对调电源相序的部分电路。

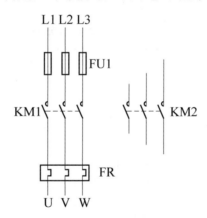

图4-2　两接触器对调电源相序

引导问题4：什么是接触器互锁？在电路中实现接触器互锁的触点是什么？

四、工作计划

按照任务书要求和获取的信息，把任务分解，制订工作计划，同时向小组成员分派任务。根据甲方需求及安装场所的特点，确定引风机的主要技术参数，并完成以下任务。

（1）设计并绘制换气扇主电路和控制电路的电路图。

电路图：

工作原理：

(2) 列出物料清单，根据电路图，上网收集资料或查阅电工手册，确定电气元件规格型号。在表4-2中列出为完成任务所用工具、器件。

表4-2 工具、器件计划清单

序号	名称	型号和规格	单位	数量	价格	备注

(3) 根据电路图和电气元件规格型号，绘制布置图。在实际工作中，布置图是进行配电柜设计的依据，其尺寸决定了配电柜的规格大小。

五、任务实施

1. 填写物料领取表

根据表 4-2 填写物料领取表 4-3，领取物料，同时选择适当的电工安装工具。

表 4-3　物料领取表

序号	工具或材料名称	规格型号	数量	备注

2. 在控制板上进行电气配盘

根据换气扇控制电路的电路图和布置图，电气安装工程师按照电气配盘工艺要求，完成元器件连接任务。

（1）根据布置图划线，安装导轨。

（2）元器件安装。

（3）按接线图进行布线。

将实际操作过程中遇到的问题和解决措施记录下来。

出现的问题：

_____

_____

_____

_____

解决措施：

_____

_____

_____

_____

3. 自检控制板布线的正确性

安装完毕，电气工程师自检，确保接线正确、安全，检查内容顺序如下。

（1）断电检查，确保接线安全。

（2）使用万用表欧姆挡，检查主电路和控制电路，确保没有短接，并填写表4-4。

表4-4 断电自检情况记录

序号	测试按钮的工作状态	检测内容	自检情况	备注
1	静态	主电路是否短路		
2		控制电路是否短路		
3	动态	主电路是否接通		
4		控制电路是否接通		

（3）通电检查，确保接线正确。

使用万用表交流电压挡，首先检测电源供电是否正常，其次检测主电路和控制电路电源供电是否正常，最后，操作按钮，检测设备的工作状态，并填写表4-5。

表4-5 通电测试

序号	检测内容	自检情况	备注
1	电源供电电压		
2	主电路供电电压		
3	控制电路供电电压		
4	操作正转按钮，换气扇工作状态		
5	工作时，操作停止按钮，换气扇工作状态		
6	操作反转按钮，换气扇工作状态		
7	反转时，操作正转按钮，换气扇工作状态		

4. 技术文档整理

按照甲方需求，整理出项目技术文档，移交给甲方，内容包括控制要求、电路图、布置图、接线图、操作说明等。

六、工作评价

1. 小组自查，预验收

根据小组分工，项目经理和项目质检工程师根据项目要求和电气控制工艺规范，进行预验收，填写预验收记录表4-6。

表 4-6 预验收记录

项目名称			组名	
序号	验收项目	验收记录	整改措施	完成时间
1	外观检查			
2	功能检查			
3	元器件布局规范性检查			
4	布线规范性检查			
5	技术文档检查			
6	其他			
预验收结论：				
签字：				时间：

2. 项目提交，验收

组内验收完成，各小组交叉验收，填写验收报告（见表 4-7）。

表 4-7 ＿＿＿＿＿＿项目验收报告

项目名称			建设单位	
项目验收人			验收时间	
项目概况				
存在问题			完成时间	
验收结果	主观评价	功能测试	施工质量	材料移交

3. 展示评价

各组展示作品，介绍任务完成过程、制作过程视频、运行结果视频、技术文档并提交汇报材料，进行小组自评、组间互评、教师评价，完成考核评价表，见表 4-8。

表 4-8 考核评价表

序号	评价项目	评价内容	分值	自评 30%	互评 30%	师评 40%	合计
1	职业素养 30分	分工合理，制订计划能力强，严谨认真	5				
		爱岗敬业、安全意识、责任意识、服从意识	5				
		团队合作、交流沟通	5				
		遵守行业规范、现场6S标准	5				
		主动性强，保质保量完成工作页相关任务	5				
		能采取多样化手段收集信息、解决问题	5				
2	专业能力 60分	电气图纸设计正确、绘制规范	10				
		接线牢固，电气配盘合理、美观、规范	20				
		施工过程严肃认真、精益求精	10				
		项目调试结果正确	10				
		技术文档整理完整	10				
3	创新意识10分	创新性思维和行动	10				
		合计	100				
评价人签名：						时间：	

七、拓展提高

（一）知识闯关

1. 在接触器联锁正反转控制电路中，为避免正反转接触器主触点同时闭合，造成两相电源短路，必须在正反转控制电路中分别串联对方接触器的（　　）。

A. 联锁触点　　　　　　　　　　B. 自锁触点

C. 主触点　　　　　　　　　　　D. 自锁触点和联锁触点

2. 在接触器联锁正反转控制电路中，其联锁触点应是对方接触器的（　　）。

A. 主触点　　　　　　　　　　　B. 辅助动合触点

C. 辅助动断触点　　　　　　　　D. 以上均可

3. 在操作接触器联锁正反转控制电路时，要使电动机从正转变为反转，正确的操作方法是（　　）。

A. 直接按下反转启动按钮　　　　C. 先按下停止按钮，再按下反转启动按钮

B. 直接按下正转启动按钮　　　　D. 先按下停止按钮，再按下正转启动按钮

4. 在接触器联锁正反转控制电路中，若热继电器的一相热元件断路，则将造成（　　）。

　　A. 正在正转运行的电动机缺相运行

　　B. 正在反转运行的电动机缺相运行

　　C. 电动机无论正反转均不能启动，发出"嗡嗡"声

　　D. 以上三种情况均有可能

5. 在接触器联锁正反转控制电路中，若热继电器的辅助动断触点接触不良，则将造成（　　）。

　　A. 电动机不能正转启动　　　　　　B. 电动机不能反转启动

　　C. 电动机正反转均能启动　　　　　D. 电动机正反转均不能启动

6. 在接触器联锁正反转控制电路中，若反转接触器的反锁触点接触不良，则将造成（　　）。

　　A. 电动机反转不能启动　　　　　　B. 电动机反转不能连续运转

　　C. 电动机正转不能连续运转　　　　D. 电动机正反转均不能连续运转

7. 在接触器联锁正反转控制电路中，若电动机在正转运行时正常，在反转时发现电动机不能启动，且发出"嗡嗡"声，则其原因可能是（　　）。

　　A. 反转接触器有一相主触点接触不良　　B. 反转接触器有两相主触点接触不良

　　C. 热继电器热元件有一相断路　　　　　D. 主电路熔断器有一相熔体熔断

8. 在接触器联锁正反转控制电路中，若按下停止按钮，发现正转接触器不能断电释放，则其原因可能是（　　）。

　　A. 正转接触器机械卡阻不能释放　　B. 正转接触器主触点熔焊

　　C. 停止按钮动断触点粘连　　　　　D. 以上均有可能

9. 在接触器联锁正反转控制电路中，若按下停止按钮，发现正转接触器不能断电释放，这时应立即（　　）。

　　A. 再次按下停止按钮　　　　　　　B. 切断电源开关

　　C. 取下主电路熔断器中的熔体　　　D. 取下控制电路熔断器中的熔体

10. 在接触器联锁正反转控制电路中，若接触器 KM1、KM2 的自锁触点误接到对方启动按钮两端则按下启动按钮时，将出现（　　）。

　　A. 电动机正反向都能启动，但不能连续运转

　　B. 电动机正反向都不能启动

　　C. 电动机有一个方向能启动，但另一个方向不能启动

　　D. 以上说法均不正确

（二）总结归纳

在本次任务实施过程中印象最深的是哪件事？自己的职业能力有哪些明显提高？

（三）能力提升

恭喜你成功完成第 1 个项目，现在甲方提出新的要求：换气扇电路不用按停止按钮就可换向，并且多一层安全保障，能实现按钮、接触器双重联锁。请同学们设计绘制出电路图并分析其工作原理。

项目五 小车自动往返控制电路的设计与安装——自动往返正反转控制电路的设计与安装

任务1 认识位置开关和接近开关

一、任务描述

位置开关是一种将机械信号转换为电气信号，以控制运动部件位置或行程的自动控制电器。而位置控制就是利用生产机械运动部件上的挡铁与位置开关碰撞，使其触头动作，来接通或断开电路，以实现对生产机械运动部件位置或行程的自动控制。

本任务以小组为单位，仔细观察多种位置开关，收集相关资料，熟悉元器件的参数及标识的含义，利用万用表分别检测各触点在闭合、分断时的通断情况，并做好记录。拆开位置开关，观察其内部结构，探究其动作原理，完成后将位置开关组装好后归位，整个过程要求团队协作、主动探究、严谨细致、精益求精。

二、任务分组

将班级学生分组，5人一组，轮值安排生成组长，给每个人提供组织协调的平台，5人分工明确，分别代表组长、任务总结汇报员、信息收集资料整理员、操作员、质检员。注意培养学生的团队协作能力。学生任务分组表见表5-1。

表5-1 学生任务分组及角色扮演表

班级		组号		任务	
组长		学号		指导老师	
组员	学号	角色指派		工作内容	

三、任务引导

引导问题1：通过自主学习，写出图5-1位置开关型号的含义。

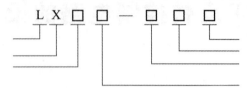

图5-1 位置开关型号的含义

引导问题2：仔细观察位置开关的结构并写出其动作原理。

_____

_____

引导问题3：画出位置开关的图形符号和文字符号（动断触点、动合触点）。

_____

_____

引导问题4：位置开关在选用时应遵循什么原则？

_____

_____

_____

_____

四、工作计划

按照任务书要求和获取的信息，把任务分解，制订工作计划，分派任务并填入表5-1中。同时也要根据学习任务，将所需的工具、器件填入表5-2中。

表5-2 工具、器件计划清单

序号	名称	型号和规格	单位	数量	价格	备注

五、任务实施

1. 领取工具、器件

根据表5-2的计划清单，领取工具、器件。

2. 操作步骤

（1）识别位置开关，了解其功能，写下其分类。

位置开关按其结构可分为_____式、_____式、_____式和_____式。

（2）观察图 5-2 位置开关的内部结构，请分别写出图中 a 与 b、c 与 d 触点的名称，a 与 b 是_____触点，c 与 d 是_____触点。

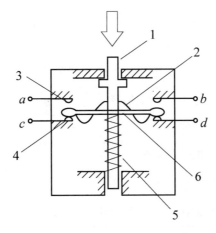

图 5-2　位置开关的内部结构

（3）碰撞操作机构时，观察触点动作写出结论。

_____

_____

（4）检测位置开关。用万用表电阻挡检测位置开关的动断、动合触点在静态和按下状态时的电阻值，并将测量结果记录在表 5-3 中。

表 5-3　位置开关不同状态时的电阻值

文字符号	名称	检测状态	检测结果
SQ	位置开关	静态位置	动合触点：
			动断触点：
		按下状态	动合触点：
			动断触点：

3. 总结

展示作品，总结任务的完成过程并提交阐述材料。

六、评价反馈

进行学生自评、组内互评、教师评价，完成考核评价表。考核评价表见表 5-4。

表 5-4 考核评价表

序号	评价项目	评价内容	分值	自评 30%	互评 30%	师评 40%	合计
1	职业素养 30 分	分工合理，制订计划能力强，严谨认真	5				
		爱岗敬业、安全意识、责任意识、服从意识	5				
		团队合作、交流沟通	5				
		遵守行业规范、现场 6S 标准	5				
		主动性强，保质保量完成工作页相关任务	5				
		能采取多样化手段收集信息、解决问题	5				
2	专业能力 60 分	工具仪表规范操作	5				
		位置开关的拆装、检测	20				
		位置开关观察及检测	20				
		操作过程严肃认真、精益求精	5				
		技术文档整理完整	10				
3	创新意识 10 分	创新性思维和行动	10				
		合计	100				
评价人签名：						时间：	

七、拓展提高

（一）知识闯关

1. 位置开关是一种利用生产机械某些运动部件的碰撞来发出控制指令的_____电器。主要用于控制生产机械的_____、_____、_____或_____，是一种_____控制电器。

2. 位置开关能将_____信号转变为_____信号，使运动机械按一定的位置或行程实现自动停止、反向运动、变速运动或自动往返等。

3. 位置开关常称为_____、_____，按其结构可分为_____式、_____式、_____式和_____式。

4. 位置开关的触点动作是通过（　　）来实现的。

　A. 手指的按压

　B. 生产机械运动部件的碰压

　C. 手指的按压或生产机械运动部件的碰压

　D. 手指的按压和生产机械运动部件的碰压共同作用

5. 双滚轮式位置开关为（　　）。

A. 非自动复位式 B. 自动复位式
C. 自动或非自动复位式 D. 以上都对

（二）总结归纳

在本次任务实施过程中，给你印象最深的是哪件事？自己的职业能力有哪些明显提高？

_____

_____

（三）能力提升

位置开关是有触点开关，在操作频繁时易产生故障，工作可靠性较低。随着现代科技的不断发展，位置开关逐渐被接近开关取代。接近开关动作可靠、性能稳定、频率响应快、使用寿命长、抗干扰能力强，并具有防水、防振、耐腐蚀等特点，目前应用范围越来越广。请同学们查阅课本，完成提升练习。

1. 电容式传感器既能检测传感器附近有无_____，又能检测传感器附近有无_____。电感式传感器只能检测_____。

2. 磁性开关是利用磁性物体的磁场作用来进行控制的开关，开关内有两片_____，当带有磁性的物体靠近开关，簧片被磁化而_____时，开关的动合（常开）触点_____；当带有磁性的物体离开开关，簧片复位时，开关的动合（常开）触点_____。

3. 光电传感器是将_____转换成_____的检测器件。光电传感器一般由_____、_____和_____三部分构成。

4. 光纤传感器就是把发射器发出的光线用_____引导到检测点，再把检测到的光信号用_____引导到接收器来实现检测的。

任务 2 小车自动往返控制电路的设计和安装

一、任务描述

某预制件生产车间需要运送沙子、输送水泥，为了减少人力劳动、节约劳动成本、满足现代化生产需求，现约定我们为其设计小车自动往返控制电路，实现自动运料。要求布线美观，确保用电安全，具有短路和过载保护。希望同学们通过学习完成安装任务。

二、任务分组

将班级学生分组，5人为一组，由轮值安排生成组长，使每个人都有锻炼培养组织协调和管理能力的机会。每人都有明确任务分工，5人分别代表乙方项目经理（组长）、乙方电气设计工程师、乙方电气安装工程师、乙方仓库管理兼汇报员、甲方项目质检工程师，模拟真实电气控制项目实施过程，培养学员团队协作能力。项目分组见表5-5。

表 5-5　项目分组表

项目组长		组名		指导老师	
团队成员	学号	角色指派		备注	
		乙方项目经理		统筹计划、进度、安排，和甲方对接，解决疑难问题	
		乙方电气设计工程师		进行电气硬件线路设计、程序设计和编程调试	
		乙方电气安装工程师		进行电气配盘，配合电气设计工程师进行调试	
		乙方仓库管理兼汇报员		负责器件、材料管理，成品汇报，配合电气设计工程师进行调试	
		甲方项目质检工程师		根据任务书、评价表对项目功能、乙方表现进行打分评价	

三、任务引导

引导问题1：位置开关的动作特点。

碰撞操作机构时：动断触点_____；

动合触点_____。

引导问题2：在图5-3所示接触器联锁正反转控制电路中，连接上位置开关的_____触点，可以在小车到达目的地碰撞位置开关时自动切断电路，应怎样连接？（串联还是并联）请在图中相应位置用铅笔画出该触点。

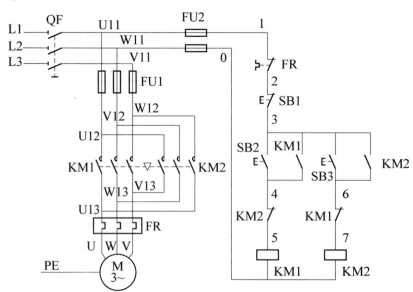

图 5-3　接触器联锁正反转控制电路

引导问题3：如图5-4所示电路能否实现小车自动往返控制，若不能，请在图中相应的位置画上位置开关相应的触点以达到自动往返控制的目的。

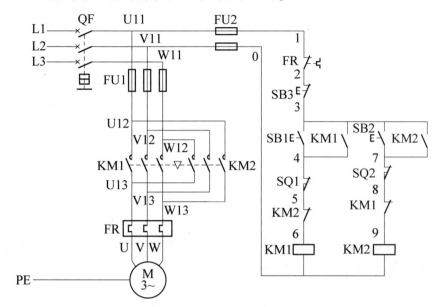

图5-4　小车位置控制电路

四、工作计划

按照任务书要求和获取的信息，把任务分解，制订工作计划，同时向小组成员分派任务。根据甲方需求及安装场所的特点，确定引风机的主要技术参数，并完成以下任务。

（1）设计并绘制自动往返主电路和控制电路的电路图，写出工作原理。

自动往返控制电路的电路图

工作原理：

_____

_____

（2）列出物料清单，根据电路图，上网收集资料或查阅电工手册，确定电气元件规格型号。在表5-6中列出为完成任务所用工具、器件。

表 5-6　工具、器件计划清单

序号	名称	型号和规格	单位	数量	价格	备注

（3）根据电路图和电气元件规格型号，绘制布置图。在实际工作中，布置图是进行配电柜设计的依据，其尺寸决定了配电柜的规格大小。

五、任务实施

1. 填写物料领取表

根据计划清单表 5-6 填写物料领取表 5-7，领取物料，同时选择适当的电工安装工具。

表 5-7　物料领取表

序号	工具或材料名称	规格型号	数量	备注

2. 在控制板上进行电气配盘

根据小车自动往返控制电路的电路图和布置图，按照电气配盘工艺要求，完成元器件连

项目五 小车自动往返控制电路的设计与安装——自动往返正反转控制电路的设计与安装

接任务。

（1）根据配盘布置图划线，安装导轨。

（2）元器件安装。

（3）按接线图进行布线。

小提示：位置开关必须牢固安装在合适的位置上，安装后必须用手动工作台或受控机械进行试验，合格后才能使用。训练中若无条件进行实际机械安装试验，可将位置开关安装在控制板下方两侧进行手控模拟试验。

将实际操作过程中遇到的问题和解决措施记录下来。

出现的问题：

_____
_____
_____
_____

解决措施：

_____
_____
_____
_____

3. 自检控制板布线的正确性

安装完毕，电气工程师自检，确保接线正确、安全，检查内容顺序如下。

（1）断电检查，确保接线安全。

使用万用表欧姆挡，检查主电路和控制电路，确保没有短接，并填写表5-8。

表5-8 断电自检情况记录

序号	测试按钮的工作状态	检测内容	自检情况	备注
1	静态	主电路是否短路		
2		控制电路是否短路		
3	动态	主电路是否接通		
4		控制电路是否接通		

（2）通电检查，确保接线正确。（必须有老师在旁边守护才能通电）

使用万用表交流电压挡，首先检测电源供电是否正常，其次检测主电路和控制电路电源供电是否正常。最后，操作按钮，检测设备的工作状态，并填写表5-9。

表 5-9 通电测试

序号	检测内容	自检情况	备注
1	电源供电电压		
2	主电路供电电压		
3	控制电路供电电压		
4	操作正向启动按钮，小车工作状态		
5	碰撞位置开关动作机构，小车工作状态		
6	操作反向启动按钮，小车工作状态		
7	碰撞反向位置开关动作机构		

4. 技术文档整理

按照甲方需求，整理出项目技术文档，移交给甲方，内容包括控制要求、电路图、布置图、接线图、操作说明等。

六、工作评价

1. 小组自查，预验收

根据小组分工，项目经理和项目质检工程师根据项目要求和电气控制工艺规范，进行预验收，填写预验收记录表 5-10。

表 5-10 预验收记录

项目名称			组名	
序号	验收项目	验收记录	整改措施	完成时间
1	外观检查			
2	功能检查			
3	元器件布局规范性检查			
4	布线规范性检查			
5	技术文档检查			
6	其他			
预验收结论：				
签字：				时间：

2. 项目提交，验收

组内验收完成，各小组交叉验收，填写验收报告，见表 5-11。

表 5-11 _____ 项目验收报告

项目名称			建设单位	
项目验收人			验收时间	
项目概况				
存在问题			完成时间	
验收结果	主观评价	功能测试	施工质量	材料移交

3. 展示评价

各组展示作品，介绍任务完成过程、制作过程视频、运行结果视频、技术文档并提交汇报材料，进行小组自评、组间互评、教师评价，完成考核评价表，见表 5-12。

表 5-12 考核评价表

序号	评价项目	评价内容	分值	自评 30%	互评 30%	师评 40%	合计
1	职业素养 30 分	分工合理，制订计划能力强，严谨认真	5				
		爱岗敬业、安全意识、责任意识、服从意识	5				
		团队合作、交流沟通	5				
		遵守行业规范、现场 6S 标准	5				
		主动性强，保质保量完成工作页相关任务	5				
		能采取多样化手段收集信息、解决问题	5				
2	专业能力 60 分	电气图纸设计正确、绘制规范	10				
		接线牢固，电气配盘合理、美观、规范	20				
		施工过程严肃认真、精益求精	10				
		项目调试结果正确	10				
		技术文档整理完整	10				
3	创新意识 10 分	创新性思维和行动	10				
		合计	100				
评价人签名：						时间：	

七、拓展提高

(一) 知识闯关

1. 填空题。

(1) 在小车位置控制电路中，位置开关的_____应串联在电动机正反转控制回路中。

(2) 利用生产机械运动部件上的_____与_____碰撞，使其触点动作，来接通或断开电路，以实现生产机械运动部件的_____或_____的自动控制，称为控制。

2. 判断题（正确的打"√"，错误的打"×"）。

(1) 自动往返控制电路是在接触器联锁正反转控制电路的基础上，在正反转控制回路中串联了位置开关的动断触点实现行程终端自动断开。（   ）

(2) 在自动往返控制电路中若同时按下 SB_1、SB_2，将使接触器 KM_1、KM_2 同时吸合，会造成电源两相短路事故。（   ）

(3) 在自动往返控制电路中，按下正转或反转按钮后，电动机将带动小车向前或向后运动，碰到位置开关后，小车会停止运行。（   ）

(4) 在小车向前或向后运行过程中，若按下停止按钮，小车即停止运行。（   ）

(5) 小车向前或向后运动到极限位置时，挡铁碰撞位置开关，使相应接触器线圈断电而使电动机停止运行。（   ）

(6) 接触器的辅助动合触点起联锁作用，辅助动断触点起自锁作用。（   ）

(二) 能力提升

某生产线传送带由两台电动机 M_1、M_2 控制，思考：两台电动机启动和停止顺序有没有要求？电路该怎样设计？

_____
_____
_____

项目六 两级传送带控制电路的设计与安装——顺序控制电路的设计与安装

任务1 认识中间继电器

一、任务描述

中间继电器是继电器的一种,它是用来增加控制电路中信号数量或将信号放大的继电器。

本任务以小组为单位,仔细观察多种中间继电器,收集相关资料,熟悉元器件的参数及标识的含义,利用万用表分别测量各触点在闭合、分断时的电阻值,从而判断其通断情况,并做好记录。拆开中间继电器,观察其内部结构,探究其动作原理,完成后将中间继电器组装好后归位,整个过程要求团队协作、主动探究、严谨细致、精益求精。

二、任务分组

将班级学生分组,5人一组,轮值安排生成组长,给每个人提供组织协调的平台,5人分工明确,分别代表组长、任务总结汇报员、信息收集资料整理员、操作员、质检员。注意培养学生的团队协作能力。学生任务分组表见表6-1。

表6-1 学生任务分组表

班级		组号		任务	
组长		学号		指导老师	
组员	学号	角色指派		工作内容	

三、任务引导

引导问题1：通过自主学习，了解中间继电器的外形结构（见图6-1），写出图6-2中间继电器型号的含义。

图6-1　中间继电器的外形结构

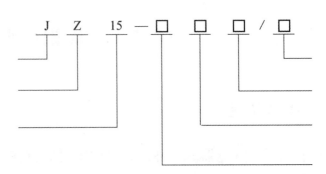

图6-2　中间继电器型号的含义

引导问题2：画出中间继电器的图形符号和文字符号，写出其功能。

_____

_____

引导问题3：接触器式中间继电器由哪几部分组成？

_____

_____

四、工作计划

按照任务书要求和获取的信息，把任务分解，制订工作计划，分派任务并填入表6-1中。同时也要根据学习任务，将所需的工具、器件填入表6-2中。

表6-2　工具、器件计划清单

序号	名称	型号和规格	单位	数量	备注

五、任务实施

1. 领取工具、器件

根据表6-2的计划清单，领取工具、器件。

2. 操作步骤

（1）观察中间继电器的结构（见图6-3），找出线圈、各组触点的接线端子，拆开中间继电器，观察其内部结构，写出其工作原理。

图6-3 中间继电器的结构

_____

_____

（2）用万用表电阻挡测量所给中间继电器线圈（A1-A2之间）的电阻值，并做好记录。

_____

_____

（3）用万用表按测量要求测量中间继电器触点间的电阻值，并把测量结果记录在表6-3中。

表6-3 中间继电器触点间的电阻值

文字符号	名称	待测状态	待测端子	检测结果
KA	中间继电器	吸合状态（按下触点架）	继电器线圈（A1-A2之间）的电阻值	
			动合触点：21-22之间 （正常为零）41-42之间 61-62之间 81-82之间	
			动断触点：11-12之间 （正常为∞）31-32之间 51-52之间 71-72之间	

续表

文字符号	名称	待测状态	待测端子	检测结果
KA	中间继电器	释放状态	继电器线圈（A1-A2之间）的电阻值	
			动合触点：21-22之间（正常为∞）41-42之间 61-62之间 81-82之间	
			动断触点：11-12之间（正常为零）31-32之间 51-52之间 71-72之间	

3. 总结

展示作品，总结任务的完成过程并提交阐述材料。

六、评价反馈

进行学生自评、组内互评、教师评价，完成考核评价表。考核评价表见表6-4。

表6-4 考核评价表

序号	评价项目	评价内容	分值	自评 30%	互评 30%	师评 40%	合计
1	职业素养 30分	分工合理，制订计划能力强，严谨认真	5				
		爱岗敬业、安全意识、责任意识、服从意识	5				
		团队合作、交流沟通	5				
		遵守行业规范、现场6S标准	5				
		主动性强，保质保量完成工作页相关任务	5				
		能采取多样化手段收集信息、解决问题	5				
2	专业能力 60分	工具仪表规范操作	5				
		中间继电器的检测	40				
		操作过程严肃认真、精益求精	5				
		技术文档整理完整	10				
3	创新意识10分	创新性思维和行动	10				
	合计		100				
评价人签名：						时间：	

七、拓展提高

（一）知识闯关

1. 填空题。

（1）中间继电器是用来增加控制电路中_____或将信号_____的继电器。

（2）中间继电器的输入信号是线圈的_____，输出信号是_____。其触点数量较多，所以当其他电器的触点数量或触点容量不够时，可借助中间继电器作中间转换，来控制_____。

（3）中间继电器的触点_____主、辅之分，各对触点允许通过的电流大小_____，多数为_____A。

（4）对于工作电流小于_____A 的电气控制电路，中间继电器可以用来代替接触器控制电动机。

2. 判断题（正确的打"√"，错误的打"×"）。

（1）中间继电器的触点也有主、辅之分。（　　）

（2）中间继电器可以代替接触器控制电动机的启动、停止、正反转控制。（　　）

（3）JZ7 系列中间继电器有 8 对触点，各对触点的额定电流大小相同。（　　）

（4）JZ14 系列中间继电器有交流操作和直流操作两种。（　　）

（二）总结归纳

在本次任务实施过程中，给你印象最深的是哪件事？自己的职业能力有哪些明显提高？

_____

_____

（三）能力提升

课下请同学们识读中间继电器说明书，熟悉电器元件的用途、主要技术参数、安装及使用方法。

_____

_____

_____

_____

任务 2　顺序控制电路的设计与安装

一、任务描述

以小组为单位，工作负责人通过现场调查和网上查阅资料，了解机制砂生产线设备的控制要求。按控制要求安装控制电路，用电缆从动力配电箱引出电源，通过控制电路将电源引入传送带电动机，为了防止物料的积压，要求两级传送带能够实现顺序启动逆序停止，在安装完成后，进行检验和通电试车，合格后交付使用。整个学习过程要求团队协作、主动探究、严谨细致、精益求精。

二、任务分组

将班级学生分组，5人为一组，由轮值安排生成组长，使每个人都有锻炼培养组织协调和管理能力的机会。每人都有明确的任务分工，5人分别代表乙方项目经理（组长）、乙方电气设计工程师、乙方电气安装工程师、乙方仓库管理兼汇报员、甲方项目质检工程师，模拟真实电气控制项目实施过程，培养学员团队协作能力。项目分组见表6-5。

表6-5 项目分组表

项目组长		组名	指导老师	
团队成员	学号	角色指派	工作内容	
		乙方项目经理	统筹计划、进度、安排，和甲方对接，解决疑难问题，并进行质检	
		乙方电气设计工程师	设计并绘制电气线路电路图、布置图、接线图	
		乙方电气安装工程师	申领物料，进行电气配盘，配合电气设计工程师进行调试	
		乙方仓库管理兼汇报员	负责器件、材料管理，成品汇报，配合电气设计工程师进行调试	
		甲方项目质检工程师	根据任务书对项目功能、乙方表现进行评价	

三、任务分析

（1）引导问题1：什么是电动机的顺序控制？

（2）引导问题2：主电路实现电动机顺序控制有什么特点？

（3）引导问题3：绘制两台电动机由控制电路实现顺序控制的电路图（控制要求顺序启

动、同时停止）；并分析它们的工作原理。

___

四、工作计划

按照任务书要求和获取的信息，把任务分解，制订工作计划，同时向小组成员分派任务。并完成以下任务。

（1）设计并绘制两台电动机顺序启动逆序停止主电路和控制电路的电路图。

（2）列出物料清单，根据电路图，上网收集资料或查阅电工手册，确定电气元件规格型号及价格。在表6-6中列出完成任务所用工具、器件。

表 6-6　工具、器件计划清单

序号	名称	型号和规格	单位	数量	价格	备注

（3）根据电路图和电气元件规格型号，绘制布置图。实际工作中，布置图是进行配电柜设计的依据，其尺寸决定了配电柜的规格大小。

五、任务实施

1. 填写物料领取表

根据计划清单表 6-6 填写物料领取表 6-7，领取物料，同时选择适当的电工安装工具。

表 6-7　物料领取表

序号	工具或材料名称	规格型号	数量	备注

2. 在控制板上进行电气配盘

根据两级传送带控制电路的电路图和布置图，电气安装工程师按照电气配盘工艺要求，完成元器件连接任务。

（1）根据配盘布置图划线，安装行线槽、导轨。

（2）元器件安装。

（3）按接线图进行布线。

将实际操作过程中遇到的问题和解决措施记录下来。

出现的问题：

解决措施：

3. 自检控制板布线的正确性

安装完毕，电气安装工程师自检，确保接线正确、安全，检查内容顺序如下。

（1）断电检查，确保接线安全。

使用万用表欧姆挡，检查主电路和控制电路，确保没有短接，并填写表6-8。

表6-8　断电自检情况记录

序号	测试按钮的工作状态	检测内容	自检情况	备注
1	静态	主电路是否短路		
2		控制电路是否短路		
3	动态	主电路是否接通		
4		控制电路是否接通		

（2）通电检查，确保接线正确。

使用万用表交流电压挡，首先检测电源供电是否正常，其次检测主电路和控制电路电源供电是否正常，最后，操作按钮，检测设备的工作状态，并填写表6-9。

表 6-9 通电测试

序号	检测内容	自检情况	备注
1	电源供电电压		
2	主电路供电电压		
3	控制电路供电电压		
4	2号电动机工作状态、1号电动机工作状态（操作启动按钮）		
5	1号电动机工作状态、2号电动机工作状态（电动机运行时，操作停止按钮）		

4. 技术文档整理

按照甲方需求，整理出项目技术文档，移交给甲方，内容包括控制要求、电路图、布置图、接线图、操作说明等。

六、工作评价

1. 小组自查，预验收

根据小组分工，项目经理和项目质检工程师根据项目要求和电气控制工艺规范，进行预验收，填写预验收记录表 6-10。

表 6-10 预验收记录

项目名称			组名	
序号	验收项目	验收记录	整改措施	完成时间
1	外观检查			
2	功能检查			
3	元器件布局规范性检查			
4	布线规范性检查			
5	技术文档检查			
6	其他			
预验收结论：				
签字：				时间：

2. 项目提交，验收

组内验收完成，各小组交叉验收，填写验收报告，见表 6-11。

表 6-11 _____ 项目验收报告

项目名称			建设单位	
项目验收人			验收时间	
项目概况				
存在问题			完成时间	
验收结果	主观评价	功能测试	施工质量	材料移交

3. 展示评价

各组展示作品，介绍任务完成过程、制作过程视频、运行结果视频、技术文档并提交汇报材料，进行小组自评、组间互评、教师评价，完成考核评价表，见表 6-12。

表 6-12 考核评价表

序号	评价项目	评价内容	分值	自评 30%	互评 30%	师评 40%	合计
1	职业素养 30 分	分工合理，制订计划能力强，严谨认真	5				
		爱岗敬业、安全意识、责任意识、服从意识	5				
		团队合作、交流沟通	5				
		遵守行业规范、现场 6S 标准	5				
		主动性强，保质保量完成工作页相关任务	5				
		能采取多样化手段收集信息、解决问题	5				
2	专业能力 60 分	电气图纸设计正确、绘制规范	10				
		接线牢固，电气配盘合理、美观、规范	20				
		施工过程严肃认真、精益求精	10				
		项目调试结果正确	10				
		技术文档整理完整	10				
3	创新意识 10 分	创新性思维和行动	10				
	合计		100				
评价人签名：						时间：	

七、拓展提高

（一）知识闯关

1. 要求几台电动机的启动或停止，必须按一定的_____来完成的控制方式，称为电动机的_____控制。三相交流异步电动机可在_____或_____实现顺序控制。

2. 采用主电路实现电动机顺序控制的特点是：后启动电动机的主电路接在先启动电动机控制接触器_____的下方。

3. 采用控制电路实现电动机顺序控制的特点是：后启动电动机的控制电路必须_____在先启动电动机接触器的自锁触点之后，并与其接触器线圈_____；或在后启动电动机的控制电路中，串联先启动电动机接触器的_____。

（二）总结归纳

在本次任务实施过程中，存在的问题、解决方案、优化可行性、激励措施分别有哪些？

___
___
___
___

（三）能力提升

恭喜你成功完成第 1 个项目，现在甲方提出新的要求：三级传送带实现顺序启动逆序停止。请同学们设计绘制出电路图并分析其工作原理。

___
___
___

项目七　污水池自吸泵电动机控制电路的设计与安装
——星-三角降压启动控制电路的设计与安装

任务1　认识时间继电器

一、任务描述

时间继电器是继电器的一种，它是一种利用电磁原理或机械动作原理来实现触点延时闭合或延时分断的自动控制电器。本任务以小组为单位，收集相关资料，观察时间继电器，熟悉元器件参数及标识的含义，利用万用表检测常用时间继电器。整个过程要求团队协作、主动探究、严谨细致、精益求精。

二、任务分组

将班级学生分组，5人一组，轮值安排生成组长，给每个人提供组织协调的平台，5人分工明确，分别代表组长、任务总结汇报员、信息收集资料整理员、操作员、质检员。注意培养学生的团队协作能力。学生任务分组表见表7-1。

表7-1　学生任务分组表

班级		组号		任务	
组长		学号		指导老师	
组员	学号	角色指派			工作内容

三、任务引导

引导问题 1：通过自主学习，了解时间继电器的外形结构（见图 7-1），写出图 7-2 时间继电器型号的含义。

图 7-1　时间继电器的外形结构

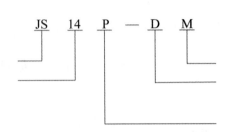

图 7-2　时间继电器型号的含义

引导问题 2：画出时间继电器的图形符号和文字符号（线圈、瞬动触点、延时触点）。

_____

_____

引导问题 3：通电延时型和断电延时型时间继电器的动作过程有何不同？

_____

_____

引导问题 4：时间继电器在选用时应遵循什么原则？

_____

_____

四、工作计划

按照任务书要求和获取的信息，把任务分解，制订工作计划，分派任务并填入表 7-1 中。同时也要根据学习任务，将所需的工具、器件填入表 7-2 中。

表 7-2　工具、器件计划清单

序号	名称	型号和规格	单位	数量	备注

五、任务实施

1. 领取工具、器件

根据表 7-2 的计划清单，领取工具、器件。

2. 操作步骤

（1）观察时间继电器的结构，识读接线示意图（见图 7-3），找出线圈、瞬动触点、延时触点的接线端子，并做好记录。

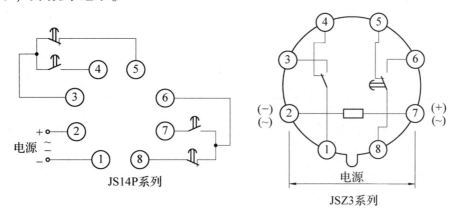

图 7-3　时间继电器的接线示意

（2）以 JS14P 系列时间继电器为例，可根据时间继电器接线示意图，先在断电情况下用万用表电阻挡检测其动断、动合触点接线柱间的电阻值；再按接线示意图，给时间继电器接入相对应的电压，然后再用万用表检测其动断、动合触点接线柱间的电阻值，以此判断其触点动作情况，同时，观察其通电指示灯和延时指示灯的亮灭情况。将检测结果记录在表 7-3 中。

表 7-3　检测结果记录

文字符号	名称	待测状态	待测端子	检测结果
KT	时间继电器	断电状态	JS14P-C接线图	延时触点： 6-7 间电阻值_____，为_____触点； 6-8 间电阻值_____，为_____触点 瞬动触点： 3-4 间电阻值_____，为_____触点； 3-5 间电阻值_____，为_____触点

续表

文字符号	名称	待测状态	待测端子	检测结果
KT	时间继电器	通电状态	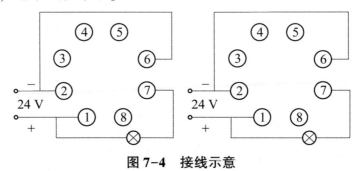 JS14P-C接线图	延时触点： 6-7 间电阻值_____，为_____触点； 6-8 间电阻值_____，为_____触点 瞬动触点： 3-4 间电阻值_____，为_____触点； 3-5 间电阻值_____，为_____触点

（3）按照图 7-4 完成线路连接，根据指导教师的要求，将时间继电器的整定时间调节到规定值，并通电试验，记录试验结果。

图 7-4　接线示意

（4）展示作品，总结任务的完成过程并提交阐述材料。

六、评价反馈

进行学生自评、组内互评、教师评价，完成考核评价表。考核评价表见表 7-4。

表 7-4　考核评价表

序号	评价项目	评价内容	分值	自评 30%	互评 30%	师评 40%	合计
1	职业素养 30 分	分工合理，制订计划能力强，严谨认真	5				
		爱岗敬业、安全意识、责任意识、服从意识	5				
		团队合作、交流沟通	5				
		遵守行业规范、现场 6S 标准	5				

续表

序号	评价项目	评价内容	分值	自评 30%	互评 30%	师评 40%	合计
1	职业素养 30 分	主动性强,保质保量完成工作页相关任务	5				
		能采取多样化手段收集信息、解决问题	5				
2	专业能力 60 分	工具仪表规范操作	5				
		时间继电器的检测	40				
		操作过程严肃认真、精益求精	5				
		技术文档整理完整	10				
3	创新意识 10 分	创新性思维和行动	10				
		合计	100				

评价人签名：　　　　　　　　　　　　　　　　　　　　　　　　　　　　　时间：

七、拓展提高

（一）知识闯关

1. 时间继电器是一种利用电磁原理或机械动作原理实现得到信号后触点_____（或_____）的自动控制电器。

2. 时间继电器按动作原理可分为_____、_____、_____、_____等几种；按延时特点可分为_____、_____两种。

3. JS14P 系列间继电器由_____和_____两部分组成。其安装和接线采用专用的_____，并配有带插脚标记的标牌作接线指示。这种系列的时间继电器按其结构形式可分为_____、_____和_____三种。

4. 时间继电器的主要技术参数有型号_____、_____、_____、_____、_____和_____等。

5. 时间继电器选用时，可根据所需延时_____和_____要求选择时间继电器的类型与系列；可根据控制电路的要求选择时间继电器的_____、_____和_____触点数量；可根据控制电路_____要求选择时间继电器线圈电压或输入电源形式和电压。

（二）总结归纳

在本次任务实施过程中，给你印象最深的是哪件事？自己的职业能力有哪些明显提高？

_____

_____

（三）能力提升

课下请同学们通过网络搜索 ST3P 系列智能时间继电器，熟悉其型号、主要技术参数、安装及使用方法。

任务2　自吸泵电动机控制电路的设计与安装

一、任务描述

以小组为单位，工作负责人通过现场调查和阅读自吸泵控制系统使用说明书，了解技术信息：主要技术参数和控制要求。按控制要求设计并安装控制配电箱，对已安装就位的自吸泵电动机，用电缆从动力配电箱引出电源，通过控制配电箱将电源引入自吸泵电动机，在安装完成后，进行检验和通电试车，合格后交付使用。整个学习过程要求团队协作、主动探究、严谨细致、精益求精。

二、任务分组

将班级学生分组，5人为一组，由轮值安排生成组长，使每个人都有锻炼培养组织协调和管理能力的机会。每人都有明确的任务分工，5人分别代表乙方项目经理（组长）、乙方电气设计工程师、乙方电气安装工程师、乙方仓库管理兼汇报员、甲方项目质检工程师，模拟真实电气控制项目实施过程，培养学员团队协作能力。项目分组见表7-5。

表7-5　项目分组表

项目组长		组名		指导老师	
团队成员	学号	角色指派		备注	
		乙方项目经理		统筹计划、进度、安排，和甲方对接，解决疑难问题，并进行质检	
		乙方电气设计工程师		设计并绘制电路图、布置图、接线图	
		乙方电气安装工程师		申领物料，进行电气配盘，配合电气设计工程师进行调试	
		乙方仓库管理兼汇报员		负责器件、材料管理，成品汇报，配合电气设计工程师进行调试	
		甲方项目质检工程师		根据任务书对项目功能、乙方表现进行评价	

三、任务分析

引导问题1：降压启动的定义是什么？降降压启动的方法有哪些？

_____

_____

_____

引导问题2：什么是星-三角降压启动？什么情况下电动机适合采用星-三角降压启动？

_____

_____

_____

引导问题3：正确识读图7-5所示的时间继电器自动控制星-三角降压启动控制电路，并说明各元器件在电路中的作用。

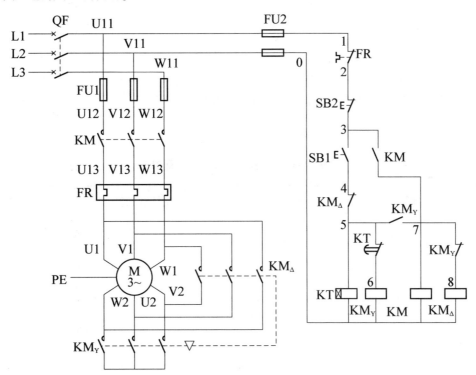

图7-5　时间继电器自动控制星-三角降压启动控制电路

_____

_____

引导问题4：正确分析时间继电器自动控制星-三角降压启动控制电路的工作原理。

_____

_____

_____

_____

四、工作计划

按照任务书要求和获取的信息,把任务分解,制订工作计划,同时向小组成员分派任务。根据甲方需求及安装场所的特点,确定自吸泵电动机的主要技术参数,并模拟完成以下任务。

(1) 设计并绘制自吸泵电动机主电路和控制电路的电路图。

(2) 列出物料清单,根据电路图,上网收集资料或查阅电工手册,确定电气元件规格型号及其价格。在表 7-6 中列出为完成任务所用工具、器件。

表 7-6 工具、器件计划清单

序号	名称	型号和规格	单位	数量	价格	备注

(3) 根据电路图和电气元件规格型号,绘制布置图。在实际工作中,布置图是进行配电箱设计的依据,其尺寸决定了配电箱的规格大小。

五、任务实施

1. 填写物料领取表

根据计划清单表 7-6 填写物料领取表 7-7，领取物料，同时选择适当的电工安装工具。

表 7-7 物料领取表

序号	工具或材料名称	规格型号	数量	备注

2. 在控制板上进行电气配盘

根据自吸泵电动机控制电路的电路图和布置图，电气安装工程师按照电气配盘工艺要求，完成元器件安装、线路布线任务。

（1）根据布置图划线，安装行线槽、导轨。

（2）安装电气元件。

（3）按接线图进行布线。

将实际操作过程中遇到的问题和解决措施记录下来。

出现的问题：

解决措施：

3. 自检控制板布线的正确性

安装完毕，电气安装工程师自检，确保接线正确、安全，检查内容顺序如下。

（1）断电检查，确保接线安全。

使用万用表欧姆挡，检查主电路和控制电路，确保没有短接，并填写表7-8。

表7-8 断电自检情况记录

序号	测试按钮的工作状态	检测内容	自检情况	备注
1	静态	主电路是否短路		
2		控制电路是否短路		
3	动态	主电路是否接通		
4		控制电路是否接通		

（2）通电检查，确保接线正确。

使用万用表交流电压挡，首先检测电源供电是否正常，其次检测主电路和控制电路电源供电是否正常。最后，操作按钮，检测设备的工作状态，并填写表7-9。

表7-9 通电测试

序号	检测内容	自检情况	备注
1	电源供电电压		
2	主电路供电电压		
3	控制电路供电电压		
4	电动机工作状态（操作启动按钮）		
5	电动机工作状态（电动机工作时，操作停止按钮）		

4. 技术文档整理

按照甲方需求，整理出项目技术文档，移交给甲方，内容包括控制要求、电路图、布置图、接线图、操作说明等。

六、评价反馈

1. 小组自查,预验收

根据小组分工,项目经理和项目质检工程师根据项目要求和电气控制工艺规范,进行预验收,填写预验收记录表 7-10。

表 7-10 预验收记录

项目名称			组名	
序号	验收项目	验收记录	整改措施	完成时间
1	外观检查			
2	功能检查			
3	元器件布局规范性检查			
4	布线规范性检查			
5	技术文档检查			
6	其他			
预验收结论:				
签字:				时间:

2. 项目提交,验收

组内验收完成,各小组交叉验收,填写验收报告,见表 7-11。

表 7-11 _____ 项目验收报告

项目名称		建设单位	
项目验收人		验收时间	
项目概况			
存在问题		完成时间	
验收结果	主观评价	功能测试	施工质量	材料移交

3. 展示评价

各组展示作品，介绍任务完成过程、制作过程视频、运行结果视频、技术文档并提交汇报材料，进行小组自评、组间互评、教师评价，完成考核评价表，见表 7-12。

表 7-12 考核评价表

序号	评价项目	评价内容	分值	自评 30%	互评 30%	师评 40%	合计
1	职业素养 30 分	分工合理，制订计划能力强，严谨认真	5				
		爱岗敬业、安全意识、责任意识、服从意识	5				
		团队合作、交流沟通	5				
		遵守行业规范、现场 6S 标准	5				
		主动性强，保质保量完成工作页相关任务	5				
		能采取多样化手段收集信息、解决问题	5				
2	专业能力 60 分	电气图纸设计正确、绘制规范	10				
		接线牢固，电气配盘合理、美观、规范	20				
		施工过程严肃认真、精益求精	10				
		项目调试结果正确	10				
		技术文档整理完整	10				
3	创新意识 10 分	创新性思维和行动	10				
		合计	100				
评价人签名：						时间：	

七、拓展提高

（一）知识闯关

1. 星-三角降压启动是指电动机启动时把定绕组接成_____形降压启动；待电动机转速上升并接近额定值时，再将电动机定子绕组改接成_____形全压正常运行。

2. 电动机星-三角降压启动只适用于正常运行时，定子绕组作_____形连接的三相交流异步电动机。

3. 在时间继电器自动控制的星-三角降压启动控制电路中，接触器 KM_Y、$KM_\triangle$ 辅助动断触点的作用是_____，时间继电器 KT 的作用是_____。

4. 如图 7-6 所示为时间继电器自动控制的星-三角降压启动控制电路的电路图，试将电路图补画完整，并标出电动机 6 个出线端的编号。

项目七 污水池自吸泵电动机控制电路的设计与安装——星-三角降压启动控制电路的设计与安装

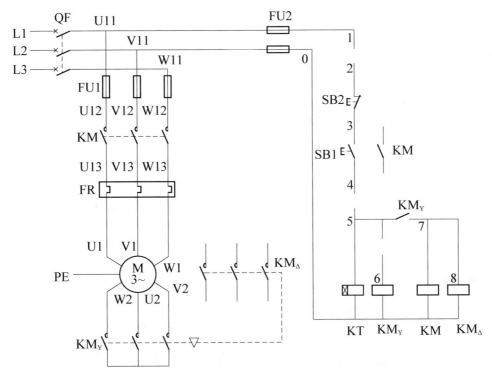

图 7-6 星-三角降压启动控制电路的电路图

（二）总结归纳

在本次任务实施过程中，存在的问题、解决方案、优化可行性、激励措施分别有哪些？

_____

_____

_____

（三）能力提升

恭喜你成功完成第 1 个项目，由于星-三角降压启动的启动转矩固定不可调，启动过程中存在较大的冲击电流，被拖动负载易受到较大的机械冲击。鼠笼型异步电动机电子软启动器的诞生解决了这个问题。它既能改变电动机的启动特性保护拖动系统，更能保证电动机可靠启动，又能降低启动冲击。因此，随着电力电子技术的快速发展，智能型软启动器将会得到更广泛的应用。请同学们自主学习，熟悉软启动器的结构、工作原理及应用。

项目八 立式铣床制动控制电路的检修——制动控制电路的设计、安装与维修

任务1 起重机电磁抱闸制动器制动控制电路

一、任务描述

本任务以小组为单位,仔细观察电磁抱闸制动器、电磁离合器,收集相关资料,熟悉元器件的参数及标识的含义,然后绘制出电磁抱闸制动器断电制动控制电路。整个过程要求团队协作、主动探究、严谨细致、精益求精。

二、任务分组

将班级学生分组,5人一组,轮值安排生成组长,给每个人提供组织协调的平台,5人分工明确,分别代表组长、任务总结汇报员、信息收集资料整理员、操作员、质检员。注意培养学生的团队协作能力。学生任务分组表见表8-1。

表8-1 学生任务分组表

班级		组号		任务	
组长		学号		指导老师	
组员	学号	角色指派			工作内容

三、任务引导

引导问题1:通过自主学习,了解电磁抱闸制动器的外形结构(见图8-1),写出各部分名称。

项目八 立式铣床制动控制电路的检修——制动控制电路的设计、安装与维修

图 8-1 电磁抱闸制动器的外形结构

引导问题2：画出电磁抱闸制动器的图形符号和文字符号，写出断电制动型电磁抱闸制动器的工作原理。

引导问题3：请写出电磁抱闸制动器型号的含义（见图8-2）。

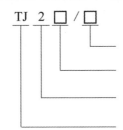

图 8-2 电磁抱闸制动器型号的含义

引导问题4：写出电磁离合器的工作原理。

四、工作计划

按照任务书要求和获取的信息，把任务分解，制订工作计划，分派任务并填入表8-1中。同时也要根据学习任务，将所需的工具、器件填入表8-2中。

表 8-2 工具、器件计划清单

序号	名称	型号和规格	单位	数量	备注

五、任务实施

1. 领取工具、器件

根据表 8-2 的计划清单，领取工具、器件。

2. 操作步骤

（1）拆装电磁抱闸制动器；认识其主要部件的名称和作用；观察电磁离合器的结构，理解其工作原理。

_____

_____

（2）绘制电磁抱闸制动器断电制动控制电路的电路图。

3. 总结

展示作品，总结任务的完成过程并提交阐述材料。

六、评价反馈

进行学生自评、组内互评、教师评价，完成考核评价表。考核评价表见表 8-3。

表 8-3 考核评价表

序号	评价项目	评价内容	分值	自评 30%	互评 30%	师评 40%	合计
1	职业素养 30 分	分工合理，制订计划能力强，严谨认真	5				
		爱岗敬业、安全意识、责任意识、服从意识	5				
		团队合作、交流沟通	5				
		遵守行业规范、现场 6S 标准	5				
		主动性强，保质保量完成工作页相关任务	5				
		能采取多样化手段收集信息、解决问题	5				

续表

序号	评价项目	评价内容	分值	自评 30%	互评 30%	师评 40%	合计
2	专业能力 60分	工具仪表规范操作	5				
		绘制电磁抱闸制动器断电制动控制电路的电路图	40				
		操作过程严肃认真、精益求精	5				
		技术文档整理完整	10				
3	创新意识10分	创新性思维和行动	10				
		合计	100				

评价人签名：　　　　　　　　　　　　　　　　　　　　　时间：

七、拓展提高

（一）知识闯关

1. 给电动机一个与转动方向_____的转矩使它迅速停转（或限制其转速）的方法称为_____。

2. 制动的方法一般有两类，一类是_____制动，另一类是_____制动。

3. 利用_____使电动机在断开电源后迅速停转的制动方式称为机械制动。

4. 机械制动常用的方法有_____制动和_____制动。

5. 电磁抱闸制动器可分为_____制动型和_____制动型两种。

（二）总结归纳

在本次任务实施过程中，你印象最深的是哪件事？自己的职业能力有哪些明显提高？

（三）能力提升

课下请同学们绘制电磁抱闸制动器通电制动控制线路电路图，并分析线路工作原理。

任务2 单向启动反接制动控制电路设计、安装与维修

一、任务描述

某企业的机加工车间里,有一台铣床突然出现主轴电动机制动失效现象,严重影响生产进度,现委托同学们维修,希望同学们通过本节学习完成维修任务。

要求铣床主轴电动机可以连续正转、反接串电阻制动。控制电路出现短路故障时,控制系统应能够立即切断电源,起到短路保护作用。同时还应有防止操作人员发生触电事故的安全措施。

二、任务分组

将班级学生分组,5人为一组,由轮值安排生成组长,使每个人都有锻炼培养组织协调和管理能力的机会。每人都有明确的任务分工,5人分别代表乙方项目经理(组长)、乙方电气设计工程师、乙方电气安装工程师、乙方仓库管理兼汇报员、甲方项目质检工程师,模拟真实电气控制项目实施过程,培养学员团队协作能力。项目分组见表8-4。

表8-4 项目分组表

项目组长		组名	指导老师	
团队成员	学号	角色指派	备注	
		乙方项目经理	统筹计划、进度、安排,和甲方对接,解决疑难问题	
		乙方电气设计工程师	进行电气硬件线路设计、程序设计和编程调试	
		乙方电气安装工程师	进行电气配盘,配合电气设计工程师进行调试	
		乙方仓库管理兼汇报员	负责器件、材料管理,成品汇报,配合电气设计工程师进行调试	
		甲方项目质检工程师	根据任务书、评价表对项目功能、乙方表现进行打分评价	

三、任务分析

引导问题1:什么是电动机的电气制动,常用的电气制动方法有哪些?

引导问题 2：什么是反接制动？

引导问题 3：画出速度继电器的图形符号和文字符号。

四、工作计划

按照任务书要求和获取的信息，把任务分解，制订工作计划，同时向小组成员分派任务。并完成以下任务。

（1）设计并绘制三相异步电动机单向启动反接制动控制电路的电路图。

（2）列出物料清单，根据电路图，上网收集资料或查阅电工手册，确定电气元件规格型号及价格。在表 8-5 中列出为完成任务所用工具、器件。

表 8-5 工具、器件计划清单

序号	名称	型号和规格	单位	数量	价格	备注

（3）根据电路图和电气元件规格型号，绘制布置图。在实际工作中，布置图是进行配电

柜设计的依据，其尺寸决定了配电柜的规格大小。

五、任务实施

1. 填写物料领取表

根据计划清单表 8-5 填写物料领取表 8-6，领取物料，同时选择适当的电工安装、检修工具。

表 8-6 物料领取表

序号	工具或材料名称	规格型号	数量	备注

2. 在控制板上进行电气配盘

根据单向启动反接制动控制电路的电路图和布置图，电气安装工程师按照电气配盘工艺要求，完成元器件连接任务。

（1）根据布置图划线，安装行线槽、导轨。

（2）元器件安装。

（3）按接线图进行布线。

将实际操作过程中遇到的问题和解决措施记录下来。

出现的问题：

解决措施：

3. 自检控制板布线的正确性

安装完毕，电气安装工程师自检，确保接线正确、安全，检查内容顺序如下。

（1）断电检查，确保接线安全。

使用万用表欧姆挡，检查主电路和控制电路，确保没有短接，并填写表8-7。

表8-7 断电自检情况记录

序号	测试按钮的工作状态	检测内容	自检情况	备注
1	静态	主电路是否短路		
2		控制电路是否短路		
3	动态	主电路是否接通		
4		控制电路是否接通		

（2）通电检查，确保接线正确。

使用万用表交流电压挡，首先检测电源供电是否正常，其次检测主电路和控制电路电源供电是否正常。最后，操作按钮，检测设备的工作状态，并填写表8-8。

表8-8 通电测试

序号	检测内容	自检情况	备注
1	电源供电电压		
2	主电路供电电压		
3	控制电路供电电压		

4. X5032立式铣床制动失灵的检修

（1）根据故障现象，通过原理图，确定故障范围，明确相应器件的位置。

（2）采用多种检修方法进行检测，压缩故障范围，确定故障点并排除故障。

5. 技术文档整理

按照甲方需求，整理出项目技术文档，移交给甲方，内容包括控制要求、电路图、布置图、接线图、操作说明等。

六、工作评价

1. 小组自查，预验收

根据小组分工，项目经理和项目质检工程师根据项目要求和电气控制工艺规范，进行预验收，填写预验收记录表 8-9。

表 8-9　预验收记录

项目名称			组名	
序号	验收项目	验收记录	整改措施	完成时间
1	外观检查			
2	功能检查			
3	元器件布局规范性检查			
4	布线规范性检查			
5	技术文档检查			
6	其他			
预验收结论：				
签字：				时间：

2. 项目提交，验收

组内验收完成，各小组交叉验收，填写验收报告，见表 8-10。

表 8-10　_____项目验收报告

项目名称		建设单位		
项目验收人		验收时间		
项目概况				
存在问题		完成时间		
验收结果	主观评价	功能测试	施工质量	材料移交

3. 展示评价

各组展示作品，介绍任务完成过程、制作过程视频、运行结果视频、技术文档并提交汇报材料，进行小组自评、组间互评、教师评价，完成考核评价表，见表 8-11。

表 8-11 考核评价表

序号	评价项目	评价内容	分值	自评 30%	互评 30%	师评 40%	合计
1	职业素养 30 分	分工合理，制订计划能力强，严谨认真	5				
		爱岗敬业、安全意识、责任意识、服从意识	5				
		团队合作、交流沟通	5				
		遵守行业规范、现场 6S 标准	5				
		主动性强，保质保量完成工作页相关任务	5				
		能采取多样化手段收集信息、解决问题	5				
2	专业能力 60 分	电气图纸设计正确、绘制规范	10				
		接线牢固，电气配盘合理、美观、规范	20				
		施工过程严肃认真、精益求精	10				
		项目调试结果正确	10				
		技术文档整理完整	10				
3	创新意识 10 分	创新性思维和行动	10				
	合计		100				
评价人签名：						时间：	

七、拓展提高

（一）知识闯关

1. 在电动机切断电源停转的过程中，产生一个和电动机实际旋转方向_____的电磁力矩，迫使电动机迅速制动停转的方法称为_____制动。

2. 常用的电气制动方法有_____、_____、_____、_____等。

3. 反接制动是依靠改变通入电动机定子绕组的电源_____来产生制动力矩，迫使电动机迅速停转的。

4. 在反接制动过程中，当电动机转速接近_____值时，应立即_____电动机的电源，否则将使电动机_____。

5. 反接制动的优点是_____；其缺点是_____。

6. 电动机单向启动反接制动控制电路中，能自动断开反接制动电源的电器是_____。

（二）总结归纳

在本次任务实施过程中，存在的问题、解决方案、优化可行性、激励措施分别有哪些？

（三）能力提升

恭喜你成功完成第 1 个项目，现在要求，电动机能够正反转启动，停车时采用反接制动。请同学们设计绘制出电路图并分析其工作原理。

项目九　交通隧道射流风机控制电路的设计与安装
——双速电动机控制电路的设计与安装

一、任务描述

双速电动机大部分是在设计电动机时考虑了尽可能只通过改变电动机端部接线，就可改变定子旋转磁场磁极对数，从而改变电动机转速，具有效率高、启动转矩大、噪声低、振动小等优点，使用得当可以大幅度降低耗电量。在机床、火力发电、矿山、冶金、纺织、印染、化工、农机等工农业部门得到广泛的应用。某隧道施工队委托同学们为他们的隧道通风系统安装两台射流风机，正常运行时射流风机低速运转，当发生火灾产生浓烟时，射流风机需高速运转，将浓烟快速排除，具有必要的保护措施，使其能够正常运作。

二、任务分组

将班级学生分组，5人为一组，由轮值安排生成组长，使每个人都有锻炼培养组织协调和管理能力的机会。每人都有明确的任务分工，5人分别代表乙方项目经理（组长）、乙方电气设计工程师、乙方电气安装工程师、乙方仓库管理兼汇报员、甲方项目质检工程师，模拟真实电气控制项目实施过程，培养学员团队协作能力。项目分组见表9-1。

表9-1　项目分组表

项目组长		组名		指导老师	
团队成员	学号	角色指派		工作内容	
		乙方项目经理		统筹计划、进度、安排，和甲方对接，解决疑难问题，并进行质检	
		乙方电气设计工程师		设计并绘制电路图、布置图、接线图	
		乙方电气安装工程师		申领物料，进行电气配盘，配合电气设计工程师进行调试	
		乙方仓库管理兼汇报员		负责器件、材料管理，成品汇报，配合电气设计工程师进行调试	
		甲方项目质检工程师		根据任务书对项目功能、乙方表现进行评价	

三、任务分析

引导问题1：三相异步电动机调速方法有哪些？

引导问题2：双速异步电动机定子绕组的连接方法是什么？

引导问题3：正确识读图9-1按钮和接触器控制双速异步电动机控制电路，并说明各元器件在电路中的作用。

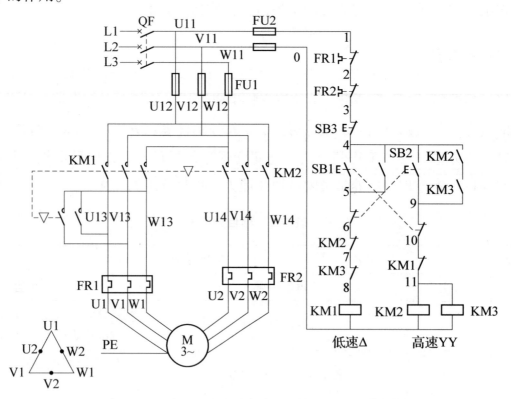

图9-1　按钮和接触器控制双速异步电动机控制电路

引导问题4：正确分析时间继电器控制双速异步电动机控制电路的工作原理。

四、工作计划

按照任务书要求和获取的信息,把任务分解,制订工作计划,同时向小组成员分派任务。根据甲方需求及安装场所的特点,确定射流风机电动机的主要技术参数,并模拟完成以下任务。

(1)设计并绘制按钮和接触器控制双速异步电动机控制电路的电路图。

（2）列出物料清单,根据电路图,上网收集资料或查阅电工手册,确定电气元件规格型号及其价格。在表9-2中列出为完成任务所用工具、器件。

表9-2 工具、器件计划清单

序号	名称	型号和规格	单位	数量	价格	备注

(3) 根据电路图和电气元件规格型号，绘制布置图。在实际工作中，布置图是进行配电箱设计的依据，其尺寸决定了配电箱的规格大小。

五、任务实施

1. 填写物料领取表

根据计划清单表 9-2 填写物料领取表 9-3，领取物料，同时选择适当的电工安装工具。

表 9-3　物料领取表

序号	工具或材料名称	规格型号	数量	备注

2. 在控制板上进行电气配盘

根据按钮和接触器控制双速异步电动机控制电路的电路图和布置图，电气安装工程师按照电气配盘工艺要求，完成元器件安装、线路布线任务。

(1) 根据配盘布置图划线，安装行线槽、导轨。
(2) 元器件安装。
(3) 按接线图进行布线。

项目九 交通隧道射流风机控制电路的设计与安装——双速电动机控制电路的设计与安装

将实际操作过程中遇到的问题和解决措施记录下来。

出现的问题:

解决措施:

3. 自检控制板布线的正确性

安装完毕,电气安装工程师自检,确保接线正确、安全,检查内容及顺序如下。

(1) 断电检查,确保接线安全。

使用万用表欧姆挡,检查主电路和控制电路,确保没有短接,并填写表9-4。

表9-4 断电自检情况记录

序号	试验按钮的工作状态	检测内容	自检情况	备注
1	静态	主电路是否短路		
2		控制电路是否短路		
3	动态	主电路是否接通		
4		控制电路是否接通		

(2) 通电检查,确保接线正确。

使用万用表交流电压挡,首先检测电源供电是否正常,其次检测主电路和控制电路电源供电是否正常。最后,操作按钮,检测设备的工作状态,并填写表9-5。

表9-5 通电测试

序号	检测内容	自检情况	备注
1	电源供电电压		
2	主电路供电电压		
3	控制电路供电电压		
4	操作启动按钮,射流风机电动机工作状态		
5	射流风机电动机工作时,操作停止按钮,电动机工作状态		

4. 技术文档整理

按照甲方需求，整理出项目技术文档，移交给甲方，内容包括控制要求、电路图、布置图、接线图、操作说明等。

六、工作评价

1. 小组自查，预验收

根据小组分工，项目经理和项目质检工程师根据项目要求和电气控制工艺规范，进行预验收，填写预验收记录表9-6。

表9-6　预验收记录

项目名称			组名	
序号	验收项目	验收记录	整改措施	完成时间
1	外观检查			
2	功能检查			
3	元器件布局规范性检查			
4	布线规范性检查			
5	技术文档检查			
6	其他			
预验收结论：				
签字：				时间：

2. 项目提交，验收

组内验收完成，各小组交叉验收，填写验收报告，见表9-7。

表9-7　_____项目验收报告

项目名称		建设单位	
项目验收人		验收时间	
项目概况			

续表

项目名称			建设单位	
存在问题			完成时间	
验收结果	主观评价	功能测试	施工质量	材料移交

3. 展示评价

各组展示作品，介绍任务完成过程、制作过程视频、运行结果视频、技术文档并提交汇报材料，进行小组自评、组间互评、教师评价，完成考核评价表，见表9-8。

表9-8 考核评价表

序号	评价项目	评价内容	分值	自评 30%	互评 30%	师评 40%	合计
1	职业素养 30分	分工合理，制订计划能力强，严谨认真	5				
		爱岗敬业、安全意识、责任意识、服从意识	5				
		团队合作、交流沟通	5				
		遵守行业规范、现场6S标准	5				
		主动性强，保质保量完成工作页相关任务	5				
		能采取多样化手段收集信息、解决问题	5				
2	专业能力 60分	电气图纸设计正确、绘制规范	10				
		接线牢固，电气配盘合理、美观、规范	20				
		施工过程严肃认真、精益求精	10				
		项目调试结果正确	10				
		技术文档整理完整	10				
3	创新意识10分	创新性思维和行动	10				
		合计	100				

评价人签名：　　　　　　　　　　　　　　　　　　　　　　　　　时间：

七、拓展提高

（一）知识闯关

1. 三相交流异步电动机的调速方法有3种：一是改变_____调速；二是改变_____调速；三是改变_____调速。

2. 改变电动机_____来调节电动机转速的方法称为变极调速，它是一种_____级调速方法，是通过改变电动机_____的连接方式来实现的。

3. 双速异步电动机定子绕组共有_____个出线端，可以作_____和_____两种连接方式，可以得到两种不同的转速。

4. 双速异步电动机在低速运行时，其定子绕组接成_____形，三相交流电源接在_____端上，而其他3个出线端_____。此时，电动机的磁极数为_____极，同步转速为_____。

5. 双速异步电动机在高速运行时，其定子绕组接成_____形，三相交流电源接在_____端上，而其他3个出线端_____。此时，电动机的磁极数为_____极，同步转速为_____。

6. 双速异步电动机定子绕组从一种接法变为另一种接法时，必须把电源相序_____，以保证电动机的旋转方向不变。

7. 在时间继电器自动控制双速异步电动机控制电路中，接触器 KM1 的作用是_____，接触器 KM2、KM3 的作用是_____。

8. 画出双速异步电动机三相定子绕组接线图。

（二）总结归纳

在本次任务实施过程中，存在的问题、解决方案、优化可行性、激励措施分别有哪些？

（三）能力提升

恭喜你成功完成第 1 个项目，现在甲方提出新的要求，要求采用时间继电器自动控制双速异步电动机，要求电动机既可以低速启动运行，又可以低速启动高速运行。

请同学们再接再厉，共同完成新的任务。

项目十　CA6140型车床电气控制电路的检修

任务1　认识CA6140型车床电气控制电路

一、任务描述

以小组为单位，仔细观察CA6140型车床的各个部位，收集并阅读相关技术资料，熟悉车床型号的含义及各部分组成，参考说明书操作按钮，仔细观察车床动作，熟悉其工作方式，探究其动作原理，结合CA6140型普通车床电气原理图，明确主电路、控制电路、辅助照明电路，并能够结合电气原理图分析整个控制过程。整个过程要求团队协作、主动探究、严谨细致、精益求精。

二、任务分组

将班级学生分组，4-5人为一组，轮值安排生成组长，使每个人都有锻炼培养组织协调和管理能力的机会。每人都有明确的任务分工，5人分别代表组长、任务总结汇报员、信息收集资料整理员、操作员、质检员。注意培养学生的团队协作能力。学生任务分组表见表10-1。

表10-1　学生任务分组表

班级		组号		任务	
组长		学号		指导老师	
组员	学号	角色指派		工作内容	

三、知识引导

引导问题1：车床的切削运动形式主要包括哪些？

_____

_____

引导问题2：CA6140型车床有哪几台电动机？其作用是什么？

_____

_____

引导问题3：CA6140型车床主要由哪几部分电路组成？

_____

_____

引导问题4：CA6140型车床的电气保护措施有_____保护、_____保护、_____和接地保护。

四、工作计划

按照任务书要求和获取的信息，把任务分解，制订工作计划，同时向小组成员分派任务，同时也要根据学习任务，在表10-2中进行任务角色分派。

表 10-2 角色扮演表

步骤	工作内容	角色	负责人

五、任务实施

1. CA6140型车床外形及主要结构

如图10-1所示为CA6140型车床外形及主要结构。

（1）了解CA6140型车床外形，初步识别各主要部件的名称及所起的作用。

（2）能找到CA6140型车床上各主要电气控制部件的位置，并能初步说明其功能。

项目十　CA6140型车床电气控制电路的检修

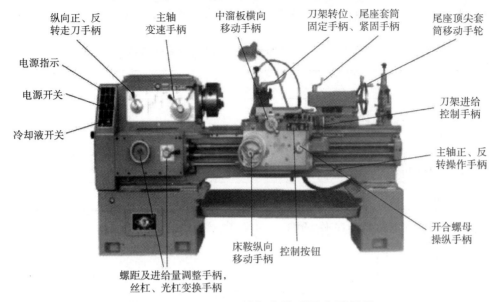

图 10-1　CA6140型车床外形及主要结构

2. 观看操作人员操作 CA6140 型车床

观看操作人员操作 CA6140 型车床，重点观察以下操作过程：

（1）怎样接通或断开 CA6140 型车床的总电源；

（2）怎样接通和断开车床上的照明灯；

（3）怎样启动车床上的主轴电动机 M1，如何使车床上的主轴电动机停转；

（4）怎样控制床身上刀架的向左及向右（即进刀及退刀）运动；

（5）怎样操纵冷却泵电动机 M2 使其工作。

3. 识读 CA6140 型车床的电路图

如图 10-2 所示为 CA6140 型车床的电路图。

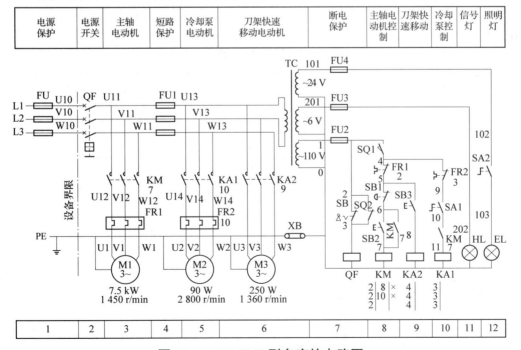

图 10-2　CA6140 型车床的电路图

（1）分析图 10-2 中主电路的控制及保护器件，完成表 10-3。

表 10-3　三台电动机的控制及保护器件

序号	名称	控制及保护器件名称符号
1	主轴电动机	
2	冷却泵电动机	
3	快速移动电动机	
4	电源	

（2）分别写出三台电动机的工作原理。

①主轴电动机工作原理：

_____

_____

②冷却泵电动机工作原理：

主轴电动机 M1 和冷却泵电动机 M2 在控制电路中实现_____控制，只有当主轴电动机 M1 启动后，KM 的辅助_____触点闭合，合上开关 SA4，_____吸合，_____才能启动。当 M1 停转或断开开关 SA4 时，_____停转。

③快速移动电动机工作原理：

刀架快速移动电动机 M3 是由安装在进给操作手柄上的按钮_____作点动控制。将手柄扳到所需移动的方向，按下_____，KA2 得电吸合，电动机 M3 启动运转，刀架沿指定的方向快速移动。

（3）写出照明灯及信号灯的工作电压、对应的控制开关及相应的保护器件，并填入表 10-4。

表 10-4　照明灯及信号灯控制

序号	名称	电压	控制开关	保护器件
1	照明灯 EL			
2	信号灯 HL			

（4）在本次完成任务过程中，你学到了什么？自己的能力有哪些明显提高？

_____

_____

六、评价反馈

进行学生自评、组内互评、教师评价，完成考核评价表。考核评价表见表 10-5。

表 10-5　考核评价表

序号	评价项目	评价内容	分值	自评 30%	互评 30%	师评 40%	合计
1	职业素养 30 分	分工合理，制订计划能力强，严谨认真	5				
		爱岗敬业、安全意识、责任意识、服从意识	5				
		团队合作、交流沟通	5				
		遵守行业规范、现场 6S 标准	5				
		主动性强，保质保量完成工作页相关任务	5				
		能采取多样化手段收集信息、解决问题	5				
2	专业能力 60 分	工具仪表规范操作	10				
		熟悉车床结构及运动形式	15				
		车床工作原理掌握程度	15				
		操作过程严肃认真、精益求精	10				
		技术文档整理完整	10				
3	创新意识 10 分	创新性思维和行动	10				
		合计	100				
评价人签名：						时间：	

七、拓展提高

（一）知识闯关（请把正确答案的字母填入括号中）

1. CA6140 型车床主轴的调速采用（　　）。

A. 电气调速　　　　　　　　　　B. 齿轮箱进行机械无级调速

C. 机械与电气配合调速　　　　　D. 齿轮箱进行机械有级调速

2. CA6140 型车床主轴电动机的失电压和欠电压保护由（　　）完成。

A. 接触器 KM 的自锁环节　　　　B. 低压断路器 QF

C. 热继电器 FR　　　　　　　　　D. 中间继电器 KA1

3. CA6140 型车床主轴电动机 M1 采用的启动方式是（　　）。

A. 星-三角降压启动　　　　　　　B. 串电阻降压启动

C. 直接启动　　　　　　　　　　D. 反接启动

4. CA6140 型车床主轴电动机 M1 与冷却泵电动机 M2 的启动与停止顺序是（　　）。

A. 同时启动，同时停止

B. 顺序启动，同时停止

C. 顺序启动，逆序停止

D. 顺序启动，M2 可以单独停止或 M1、M2 同时停止

5. CA6140 型车床控制电路的电源电压是（　　）。

A. 交流 24 V　　　　　　　　　B. 交流 36 V

C. 交流 110 V　　　　　　　　 D. 交流 380 V

6. CA6140 型车床控制电路中，TC 是（　　）。

A. 升压变压器　　　　　　　　B. 隔离变压器

C. 整流变压器　　　　　　　　D. 控制变压器

7. CA6140 型车床中，低压照明电路的电压是（　　）。

A. 交流 24 V　　　　　　　　　B. 交流 36 V

C. 交流 110 V　　　　　　　　 D. 交流 380 V

8. CA6140 型车床控制电路中，位置开关 SQ1 的作用是（　　）。

A. 保证人身安全　　　　　　　B. 确保设备安全

C. 控制工作台行程　　　　　　D. 确保人身和设备安全

（二）总结归纳

在本次任务实施过程中，给你印象最深的是哪件事？自己的职业能力有哪些明显提高？

（三）能力提升

课下请同学们识读其他型号车床的说明书，分析其电气工作原理。

任务 2　CA6140 型车床电气控制电路的检修

一、任务描述

以小组为单位，收集 CA6140 型车床的电器设备型号规格资料，准备好所需设备、材料和工具，根据电气故障检修的一般方法，结合控制电路故障点及原因分析表，解决车床出现的一般故障，排查检修完毕后，整理并打扫卫生。整个过程要求团队协作、主动探究、严谨细致、精益求精。

二、任务分组

将班级学生分组，5 人为一组，轮值安排生成组长，使每个人都有锻炼培养组织协调和管

理能力的机会。每人都有明确的任务分工，5人分别代表组长、任务总结汇报员、信息收集资料整理员、操作员、质检员。注意培养学生的团队协作能力。学生任务分组表见表 10-6。

表 10-6　学生任务分组表

班级		组号		任务	
组长		学号		指导老师	
组员	学号	角色指派		工作内容	

三、任务引导

引导问题1：通过自主学习，简单叙述电气故障检修的一般步骤。

_____

_____

引导问题2：机床检修常用的检修方法有哪些？

_____

_____

四、工作计划

按照任务书要求和获取的信息，把任务分解，制订工作计划，同时向小组成员分派任务，要根据学习任务，在表10-7中列出为完成任务所用工具、器件。

表 10-7　工具、器件计划清单

序号	型号和规格	单位	数量	备注

五、任务实施

(1) 根据电路图,准备器材,确定选用的工具、量具。

(2) 观察并调研故障现象,初步确定故障范围。

(3) 打开车床电气控制柜,进行外观检查,缩小故障范围。

(4) 采用适合的测量方法(电压法、电阻法、电笔测量法等),结合测量结果,进一步压缩故障范围,找到故障点,并将测量结果记录在表 10-8 中。

(5) 故障排除维修。根据检查结果,采用合理的处理方法,排除故障。

表 10-8　测量结果

故障现象	测试点	结果	正常值(或范围)	故障点

(6) 将实际操作过程中遇到的问题和解决措施记录下来。

出现的问题:

解决措施:

(7) 按照要求,填写维修记录表 10-9,整理归档。

表 10-9　维修记录表

维修任务		派工日期	年　　月　　日
签收人		签收日期	年　　月　　日
工作内容			
器材申领	该项由维修人员填写： 维修人员：		
任务验收	填写设备的主要验收技术参数和功能实现，由维修负责人填写： 维修负责人：		
车间负责人评价	负责人签字：		

六、评价反馈

进行学生自评、组内互评、教师评价，完成考核评价表。考核评价表见表 10-10。

表 10-10　考核评价表

序号	评价项目	评价内容	分值	自评 30%	互评 30%	师评 40%	合计
1	职业素养 30 分	分工合理，制订计划能力强，严谨认真	5				
		爱岗敬业、安全意识、责任意识、服从意识	5				
		团队合作、交流沟通	5				
		遵守行业规范、现场 8S 标准	5				
		主动性强，保质保量完成工作页相关任务	5				
		能采取多样化手段收集信息、解决问题	5				
2	专业能力 60 分	工具仪表规范操作	10				
		确定故障范围	10				
		查找故障点	10				
		故障排除	10				
		操作过程严肃认真、精益求精	10				
		技术文档整理完整	10				

续表

序号	评价项目	评价内容	分值	自评 30%	互评 30%	师评 40%	合计
3	创新意识 10 分	创新性思维和行动	10				
		合计	100				
评价人签名：						时间：	

七、拓展提高

（一）知识闯关

1. CA6140 型车床主轴电动机 M1 启动后不能自锁，即按下启动按钮 SB2 时，主轴电动机能启动，但松开 SB2 后，M1 随之停止。请根据故障现象，阐述故障的主要部位在什么地方，并描述用电阻法检测的步骤和故障处理方法。

2. CA6140 型车床主轴电动机 M1 能正常启动运行，但按下停止按钮 SB1 时，主轴电动机不能停止。试说明故障原因有哪些？如何处理？

（二）总结归纳

在本次任务实施过程中，给你印象最深的是哪件事？自己的职业能力哪些有明显提高？

（三）能力提升

课下收集其他型号的车床的说明书，分析其电气控制电路的工作原理，比较其异同。

项目十一　M7130型平面磨床电气控制电路的检修

任务1　认识M7130型平面磨床电气控制电路

一、任务描述

以小组为单位，仔细观察M7130型平面磨床的外形结构，收集并阅读相关技术资料，熟悉车床型号的含义及各部分组成，观察师傅的操作，了解车床的动作形式，结合M7130型平面磨床电路图，探究其动作原理。整个过程要求团队协作、主动探究、严谨细致。

二、任务分组

将班级学生分组，4-5人为一组，轮值安排生成组长，使每位同学都有锻炼管理能力的机会，力求分工明确，团队协作。项目分组见表11-1。

表11-1　项目分组表

项目组长		组名		指导老师	
团队成员	学号	角色指派		工作内容	

三、任务分析

引导问题1：查找资料明确M7130型平面磨床的运动形式包含哪些形式？

砂轮的旋转运动是_____运动；工作台作纵向往复运动，是_____运动；砂轮箱沿滑座作横向进给运动，是_____运动；砂轮箱和滑座一起沿立柱作垂直进给运动，是_____运动。

引导问题 2：将下列名称正确填入图 11-1 中。

1. 床身 2. 立柱 3. 滑座 4. 砂轮箱 5. 工作台 6. 电磁吸盘

图 11-1　平面磨床的组成

引导问题 3：结合平面磨床的电路图，完成以下填空。

在主电路中，三台电动机共用 FU1 作_____保护，分别用_____、_____作过载保护，砂轮电动机 M1 与冷却泵电动机 M2 由_____控制，M3 由_____控制，M1、M2 是_____控制。

四、工作计划

按照任务书要求和获取的信息，把任务分解，制订工作计划，向小组成员分派任务，同时也要根据学习任务，在表 11-2 中进行任务角色分派。

表 11-2　角色扮演表

步骤	工作内容	角色	负责人

五、任务实施

1. M7130 型平面磨床外形及主要结构

（1）观察 M7130 型平面磨床的结构组成，对照车床结构图及说明书等相关技术资料，明确各个控制按钮及指示灯位置、功能。

（2）找出 M7130 型平面磨床上的主要控制部件的位置，明确其功能。

2. 观察操作人员操作 M7130 型平面磨床

观察操作人员操作 M7130 型平面磨床，重点观察以下操作过程：

（1）操作前怎样检查平面磨床的控制箱、外观、电动机等，怎样初步判断平面磨床正常，标准是什么？

（2）怎样接通及断开 M7130 型平面磨床的总电源？

（3）怎样启动砂轮电动机 M1，步骤是什么，怎么观察砂轮电动机 M1 的旋转方向是否符合要求？

（4）怎样启动液压泵电动机 M3？并观察其运行情况；

（5）怎样启动冷却泵电动机 M2？并观察其运行情况；

（6）怎样启动电磁吸盘吸牢工件，如何使工件否充分退磁？

3. 识读 M7130 电气控制电路的电路图并分析工作原理

（1）分析电路填写表 11-3。

表 11-3　电动机名称及作用

名称与代号	作用	控制及保护器件名称符号
砂轮电动机 M1		
冷却泵电动机 M2		
液压泵电动机 M3		
电源		

（2）认真分析电路图，写出控制电路和电磁吸盘工作原理。

①控制电路的工作原理。

②结合电磁吸盘结构图分析其工作原理：

电磁吸盘由转换开关 SA1 控制，SA1 有"励磁""断电"和"退磁"三个挡位。

将 SA1 扳到_____位置时，SA1（14-16）和 SA1（15-17）闭合，电磁吸盘 YH 通电，进行励磁，可将工件牢牢吸住，同时欠电流继电器 KA 吸合，其触点 KA（3-4）闭合，这时操作控制电路的按钮 SB1 和 SB3，启动电动机对工件进行加工。

(3) 照明电路分析。

变压器将_____V的交流电压降为_____V的安全电压供给照明。EL为照明灯，一端接地，另一端由开关SA控制，_____为照明电路的短路保护。

(4) 在本次完成任务过程中，你学到了什么？自己的能力有哪些明显提高？

六、评价反馈

进行学生自评、组内互评、教师评价，完成考核评价表。考核评价表见表11-4。

表11-4 考核评价表

评价内容	评分标准	配分	自评 20%	互评 20%	师评 60%	合计
结构及功能	熟悉车床结构及运动形式	30				
原理分析	明确电气原理，完成习题任务	50				
职业素养	严格遵守安全规程、文明生产、规范操作，养成严谨、专注、精益求精的职业精神，注重小组协作、德技并修	20				
	合计	100				
学生自评						学生签名：
教师评语						教师签名：

七、拓展提高

（一）知识闯关

1. M7130型平面磨床电磁吸盘磁力保护由（　　）完成。

　　A. 接触器KM的自锁环节　　　　　B. 低压断路器QF

　　C. 热继电器FR　　　　　　　　　D. 欠电流继电器KA

2. M7130型平面磨床控制电路的FU3实现（　　）保护。

　　A. 接地保护　　B. 短路保护　　C. 失压保护　　D. 过载保护

3. M7130型平面磨床控制电路中，X1是（　　）。

　　A. 升压变压器　　B. 接触器　　C. 接插器　　D. 继电器

4. M7130型平面磨床的作用是_____。

5. 为了防止工件在加工时变形，需要使用_____冷却。

6. M7130型平面磨床工作台的往返运动是由_____实现，电动机没有正反转。

7. 为了保证磨削安全，M7130 型平面磨床采用了_____保护。

（二）总结归纳

在本次任务实施过程中，给你印象最深的是哪件事？自己的职业能力在哪些方面有明显提高？

（三）能力提升

课下请同学们识读其他型号磨床的说明书，自主分析其电气工作原理。

任务 2　M7130 型平面磨床电气控制电路的检修

一、任务描述

校企合作工厂机加工车间有大量机床，为保证设备的正常运行，需要人员能熟悉设备的原理、操作和特点，对其进行定期巡检，并能在第一时间对出现故障的设备进行检修、排除故障。现有一台 M7130 型平面磨床出现故障，为避免影响生产，车间负责人请求尽快修复机床恢复生产。

二、任务分组

将班级学生分组，5 人为一组，轮值生成组长，使每个人都有锻炼组织协调能力的机会。每人都有明确的任务分工，培养学员团队协作能力。项目分组见表 11-5。

表 11-5　项目分组表

项目组长		组名		指导老师	
团队成员	学号	角色指派		工作内容	

三、任务引导

引导问题1：电气控制设备维修的一般方法有哪几种？

_____

_____

引导问题2：电气控制设备维修的常用测量方法有哪几种，如何操作？

_____

_____

四、工作计划

按照任务书要求和获取的信息，把任务分解，制订工作计划，同时向小组成员分派任务，要根据学习任务，在表11-6中列出为完成任务所用工具、器件。

表11-6 工具、器件计划清单

序号	型号和规格	单位	数量	备注

五、任务实施

（1）根据电路图，领取器材和工具，并将其记录在物料领取表11-7中。

表11-7 物料领取表

序号	名称	型号和规格	符号	数量	用途

(2) 观察并调研故障现象,初步确定故障范围。

(3) 打开磨床电气控制柜,确定各器件的布置图,进行必要的外观检查,缩小故障范围。

(4) 采用合适的测量方法(电压法、电阻法、电笔测量法等),结合测量结果,进一步压缩故障范围,找到故障点,并将测量结果记录在表 11-8 中。

表 11-8　测量结果

故障现象	测试点	结果	正常值(或范围)	故障点

(5) 故障排除维修。根据检查结果,采用适合正确的处理方法,排除故障。

(6) 将实际操作过程中遇到的问题和解决措施记录下来。

出现的问题:

_____

_____

_____

_____

解决措施:

_____

_____

_____

_____

(7) 按照要求,填写维修记录,整理归档。

根据故障检测及维修结果,填写预验收记录表 11-9。

表 11-9 预验收记录

维修任务		派工日期	年　月　日
签收人		签收日期	年　月　日
工作内容			
器材申领	该项由维修人员填写： 维修人员：		
任务验收	填写设备的主要验收技术参数和功能实现，由维修负责人填写： 维修负责人：		
车间负责人评价	负责人签字：		

六、评价反馈

进行学生自评、组内互评、教师评价，完成考核评价表，见表 11-10。

表 11-10 考核评价表

序号	评价项目	评价内容	分值	自评 30%	互评 30%	师评 40%	合计
1	职业素养 30 分	分工合理，制订计划能力强，严谨认真	5				
		爱岗敬业、安全意识、责任意识、服从意识	5				
		团队合作、交流沟通	5				
		遵守行业规范、现场 8S 标准	5				
		主动性强，保质保量完成工作页相关任务	5				
		能采取多样化手段收集信息、解决问题	5				
2	专业能力 60 分	正确判断故障电路	10				
		准确找出故障原因	20				
		选择合适工具及方法	10				
		没有扩大故障损坏元器件	10				
		完整排除故障，无遗漏	10				

续表

序号	评价项目	评价内容	分值	自评 30%	互评 30%	师评 40%	合计
3	创新意识10分	创新性思维和行动	10				
		合计	100				
评价人签名：						时间：	

七、拓展提高

（一）知识闯关

1. M7130型磨床中的砂轮电动机M1不能启动，电磁吸盘能够吸牢工具，当充退磁转换开关打到退磁位置时，M1能够启动。请根据故障现象，阐述故障的主要部位在什么地方，并描述用电压法检测的步骤和故障处理方法。

_____
_____

2. 在M7130型平面磨床电气控制电路中，若电磁吸盘有吸力但吸力不足。试说明故障原因有哪些？如何处理？

_____
_____

（二）总结归纳

在本次任务实施过程中，给你印象最深的是哪件事？自己的哪些职业能力有明显提高？

_____
_____

（三）能力提升

课下收集其他型号磨床说明书，分析其电气控制电路的工作原理，比较其异同。

_____
_____
_____